Najet BAKI

Radiação solar do Sol para a Terra

Najet BAKI

Radiação solar do Sol para a Terra

Carpe Solem

ScienciaScripts

Imprint
Any brand names and product names mentioned in this book are subject to trademark, brand or patent protection and are trademarks or registered trademarks of their respective holders. The use of brand names, product names, common names, trade names, product descriptions etc. even without a particular marking in this work is in no way to be construed to mean that such names may be regarded as unrestricted in respect of trademark and brand protection legislation and could thus be used by anyone.

Cover image: www.ingimage.com

This book is a translation from the original published under ISBN 978-620-6-78245-2.

Publisher:
Sciencia Scripts
is a trademark of
Dodo Books Indian Ocean Ltd. and OmniScriptum S.R.L publishing group

120 High Road, East Finchley, London, N2 9ED, United Kingdom
Str. Armeneasca 28/1, office 1, Chisinau MD-2012, Republic of Moldova, Europe
Printed at: see last page
ISBN: 978-620-8-09600-7

Este livro é dedicado:

Aos meus inestimáveis pais, cujo amor e apoio estão para além do que posso exprimir por palavras. Vocês são os mais queridos do meu coração, e eu prezo-vos mais do que tudo no mundo.

Aos meus filhos maravilhosos, que são a minha maior fonte de inspiração. Que persigam sempre os vossos sonhos com a mesma determinação que viram em mim. Este livro é para vós, para que saibam que tudo é possível. À minha preciosa família, que sempre foi a minha pedra angular. O vosso amor, apoio e encorajamento iluminaram o meu percurso. Este livro é o resultado da nossa força colectiva e do nosso empenho inabalável. Que estas páginas, banhadas pela luz do sol dos nossos laços familiares, vos recordem o quanto são queridos no meu coração. Através de cada palavra, celebro a nossa união e devoção. Com todo o meu amor.

Agradecimentos:

Gostaria de expressar a minha profunda gratidão a todos os que contribuíram para a realização deste livro. Quero estender o meu mais profundo agradecimento à minha filha Meriem, cujo talento artístico deu vida a este livro com as suas magníficas ilustrações. Um grande obrigado ao meu filho Mustapha, que contribuiu com os seus conhecimentos de programação Python para tornar este projeto possível. Por último, um sorriso caloroso de gratidão para o meu filho Yasser, cujo entusiasmo alegre tem sido uma fonte constante de inspiração. As vossas contribuições únicas tornaram este livro uma realidade, e tenho orgulho em ter-vos como meus filhos. Vocês são a luz que iluminou este caminho. Agradeço-vos do fundo do coração por tudo o que fizeram. Gostaria de expressar a minha profunda gratidão aos inúmeros livros e sítios Web que foram uma valiosa fonte de conhecimento e inspiração ao longo deste projeto. O seu rico conteúdo iluminou o meu caminho e permitiu-me criar este livro. Estou grato pelos recursos inestimáveis que me forneceram.

Agradecimentos

Objetivo deste livro:

Este livro aborda os conceitos fundamentais da radiação solar e a sua viagem do Sol até à Terra, incluindo tópicos como as coordenadas terrestres, o movimento do Sol e os vários componentes da radiação solar, entre outros. A irradiação solar depende de vários factores, incluindo a luz solar, a temperatura, a localização geográfica, a hora do dia e a natureza das nuvens presentes. Foram efectuados numerosos esforços de investigação para estimar a irradiação solar ao nível do solo, o que é essencial para dimensionar as instalações solares, prever a radiação solar e avaliar o potencial solar. É também crucial considerar o sombreamento como um desafio quando se instalam sistemas solares térmicos para aquecimento ou sistemas fotovoltaicos para produção de eletricidade, o que exige medições precisas de vários parâmetros de irradiação utilizando instrumentos e equipamento adequados.

Índice

1- Prefácio:

Na **Figura 1**, pode ver-se que a poluição atmosférica quase desapareceu e o céu ficou limpo devido à paragem da maioria das actividades industriais e dos veículos após o confinamento que ocorreu em março de 2020 devido à pandemia do coronavírus. A nível mundial, esta redução da poluição é também confirmada por imagens de satélite publicadas que mostram uma "diminuição drástica" dos níveis de poluição em Itália. As manchas vermelhas, acastanhadas e amareladas deram lugar ao azul claro, símbolo da redução dos gases com efeito de estufa (GEE), por exemplo, os níveis de dióxido de carbono e de dióxido de azoto emitidos pelos veículos e pelas instalações industriais **Figura 2**. A partir daí, podemos dizer que esta epidemia deu uma lição à humanidade sobre a necessidade de mudar para energias verdes, como a energia solar.

Figura 1: Principais cidades do mundo antes/após o confinamento de março de 2020.

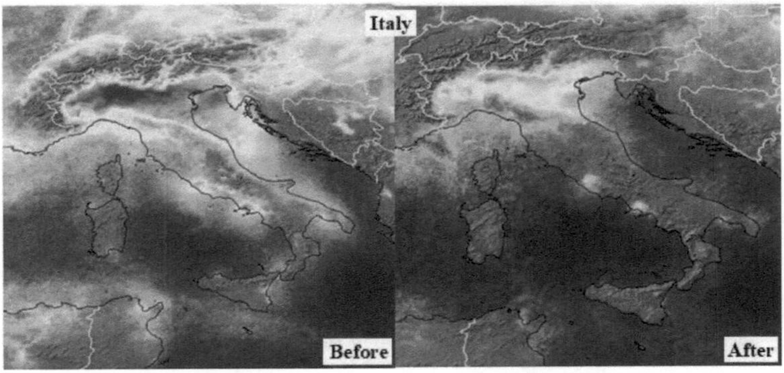

Figura 2: Níveis de dióxido de azoto medidos por satélite antes e depois do confinamento no norte de Itália.

1.1-História da energia solar :

A inteligência humana permitiu a exploração da energia solar durante séculos, utilizando o calor do sol para aquecer, cozinhar alimentos e secar colheitas. Sistemas simples como fornos solares e espelhos solares foram utilizados em diferentes civilizações, desde os faraós no Egito até aos gregos na Grécia.

No século XIX, a energia solar começou a ser estudada com a descoberta do efeito fotovoltaico em 1839 pelo físico francês Alexandre Edmond Becquerel. Esta descoberta lançou as bases das actuais células solares, uma vez que estabeleceu a base para a conversão direta da luz solar em eletricidade. Registaram-se progressos na tecnologia solar, com os investigadores a desenvolverem células solares mais eficientes para aplicações no espaço. Em 1958, a NASA lançou o primeiro satélite alimentado por painéis solares, o Vanguard 1. A crise petrolífera que começou em 1973 e a crise global dos preços do petróleo levaram o mundo a orientar-se para as energias renováveis, incluindo a energia solar. Os governos investiram na investigação e desenvolvimento de tecnologias solares. Foram desenvolvidos os primeiros sistemas solares residenciais, embora a sua adoção tenha sido limitada devido aos elevados custos. A utilização da energia solar estendeu-se a vários sectores, como a eletrificação rural e as aplicações espaciais. Nos últimos anos, registou-se um crescimento exponencial da energia solar. Os custos de produção diminuíram significativamente devido à melhoria das tecnologias e ao aumento da escala de produção. Cada vez mais países em todo o mundo têm adotado políticas de promoção da utilização da energia solar, incentivando a adoção de energia verde.

1.2-Verde Energias:

As energias verdes são fontes de energia renováveis que não se esgotam com a sua utilização, com o objetivo de substituir os combustíveis fósseis e reduzir as emissões de gases com efeito de estufa responsáveis pelas alterações climáticas. A utilização de energias renováveis remonta a civilizações como os gregos e os romanos, que utilizavam a energia hidráulica para moer cereais e a energia eólica para fazer funcionar moinhos de vento. No entanto, o conceito moderno de energias renováveis e o seu desenvolvimento são mais recentes.

1.2.1-Os diferentes tipos de energias renováveis :

***Energia solar:** A energia solar é captada a partir da radiação solar e pode ser convertida em eletricidade utilizando painéis solares fotovoltaicos ou utilizada diretamente para aquecer água ou ar utilizando sistemas solares térmicos.

***Energia eólica:** A energia eólica é gerada pela força do vento que faz girar as turbinas eólicas. As turbinas eólicas convertem a energia cinética do vento em eletricidade.

***Energia de biomassa:** A energia da biomassa é obtida a partir da combustão de materiais orgânicos como a madeira, os resíduos agrícolas, os resíduos de culturas e os resíduos orgânicos. Pode ser utilizada para produzir calor, eletricidade ou biogás.

***Energia geotérmica:** A energia geotérmica é extraída do calor da Terra, proveniente do núcleo terrestre e da decomposição radioactiva de materiais. Pode ser utilizada para aquecimento direto, produção de eletricidade ou arrefecimento.

***Energia marinha:** A energia marinha refere-se à energia extraída de fontes oceânicas, como as marés e as ondas. Trata-se de um recurso renovável que é promissor para a produção sustentável de eletricidade.

***Energia hidroelétrica:** A energia hidroelétrica é produzida a partir da força da água em movimento, normalmente em barragens ou centrais hidroeléctricas.

Uma resposta às crescentes necessidades energéticas e às limitações das fontes convencionais, as energias renováveis oferecem uma solução sustentável. Derivada de recursos naturais como a energia solar, eólica, hídrica, biomassa e geotérmica, abrange várias aplicações. As inovações em curso reduzem os custos, diminuem as emissões e prometem um futuro energético mais limpo e seguro para o mundo. A luz solar é uma fonte de energia limpa e segura que cobre a superfície da Terra de forma homogénea. Esta energia solar é abundante e amiga do ambiente, sendo que a energia do sol numa hora ultrapassa o consumo anual global. Apesar do seu potencial, a energia solar necessita de conversão e armazenamento para substituir os combustíveis convencionais.

2- Energia solar no espaço :

A avaliação do recurso solar é um conceito fundamental no domínio da energia solar. Refere-se à quantidade de energia solar disponível numa dada região, num momento específico. Representa a energia solar incidente sobre uma superfície terrestre numa determinada área geográfica. Esta avaliação é determinada por factores como a latitude, a altitude, a orientação e a inclinação das superfícies, bem como pelas condições meteorológicas locais. A avaliação do recurso solar é essencial para determinar o potencial de utilização da energia solar numa área específica. Ajuda a verificar se uma região é adequada para a instalação de sistemas solares e a estimar a quantidade de energia solar que pode ser captada, seja para produção de eletricidade, aquecimento ou outras aplicações. Esta informação é utilizada no planeamento e conceção de projectos de energia solar, incluindo a instalação de parques solares, sistemas solares residenciais ou sistemas solares industriais.

2.1-O Sun:

O Sol, sendo a fonte responsável pela maioria das energias renováveis, é de importância vital para a vida na Terra. Fornece a luz e o calor necessários à fotossíntese, ao clima e ao equilíbrio ecológico. O seu estudo contínuo é essencial para uma melhor compreensão do nosso sistema solar e dos seus processos. Apesar da distância considerável entre o Sol e o nosso planeta, a radiação solar na Terra representa uma entrada significativa de energia. O Sol é uma estrela localizada no centro do nosso sistema solar.

Dados relacionados com a energia solar	Valores
Tipo de estrela	Tipo G espetral (estrela anã branco-amarelada)
Massa	$\approx 2 \times 10^{30}$ kg
Diâmetro	$\approx 1{,}4 \times 10^{6}$ km (mais de 100 vezes a da Terra)
Temperatura da superfície	$\approx$ 5778 K
Temperatura do núcleo	$\approx 15 \times 10^{6}$ °C
Luminosidade	$\approx 3{,}8 \times 10^{26}$ Watts
Composição química	(73,46%) H e (24,85%) He
Período de rotação	$\approx$ 24,47 dias
Idade estimada	$\approx$ 4,7 biliões de anos
Potência emitida (por unidade de superfície)	64.10^{3} kW/m²
Potência total emitida	$3{,}94 \times 10^{26}$ W $\approx$ 400 Yottawatts
Potência recebida (superfície da Terra)	1353 W/m²
Distância (Sol-Terra)	150 milhões de km

Quadro 1: Dados relativos à energia solar.

2.2-A Estrutura do Sol:

Camadas solares	Descrição
Núcleo	O núcleo do Sol onde ocorre a fusão nuclear, transformando o hidrogénio em hélio.
Zona radiativa	A região imediatamente acima do núcleo onde a energia produzida pela fusão As reacções propagam-se como radiação.
Zona convectiva	Camada acima da zona radiativa onde a matéria se move para cima e para baixo, transferindo energia para a superfície do Sol.
Fotosfera	A superfície visível do Sol a partir da Terra, emitindo luz e calor que nós percebida como luz do dia.
Cromosfera	Camada imediatamente acima da fotosfera que emite luz avermelhada visível durante eclipses solares.
Corona	A camada mais externa da atmosfera solar, visível durante uma tempestade solar total. eclipse.

Tabela 2: Componentes estruturais do Sol.

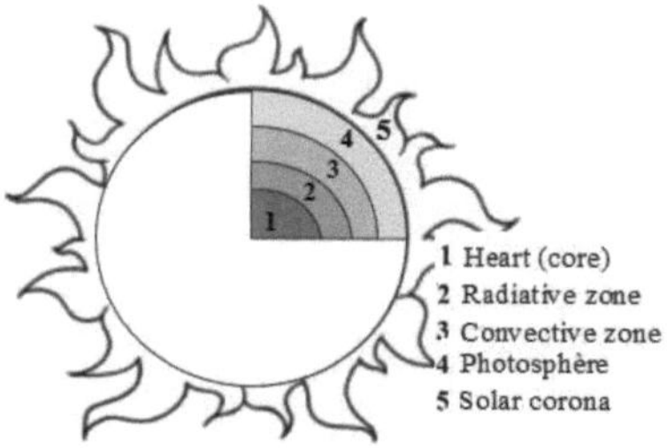

Figura 3: No coração do Sol

2.3-O Sistema Solar :

Planeta	Distância ao Sol (AU)* (D/Dt/s)	Raio relativo a Terra (R/Rt)	Massa relativa à Terra (M/Mt)	Gravidade (N/kg)	Período Orbital (anos)
Mercúrio	0.39	0.383	0.055	3.7	0.24
Vénus	0.72	0.949	0.815	8.9	0.62
Terra	1.00	1.000	1.000	9.8	1.00
Marte	1.52	0.532	0.107	3.7	1.88
Júpiter	5.20	11.209	317.8	24.8	11.86
Saturno	9.58	9.449	95.2	10.4	29.46
Urano	19.22	4.007	14.5	8.7	84.01
Neptuno	30.05	3.883	17.1	11.2	164.79

Tabela 3: Sistema Solar (oito planetas principais).

1 UA (Unidade Astronómica) corresponde à distância média entre a Terra e o Sol, aproximadamente 149,6 milhões de quilómetros. As massas relativas indicam a relação entre a massa de cada planeta e a da Terra. Por exemplo, a massa de Mercúrio é cerca de 0,055 vezes a da Terra, enquanto a massa de Júpiter é aproximadamente 317,8 vezes a da Terra.

2.4-Energia solar Fonte:

O Sol é um reator de fusão termonuclear que funciona há 5 mil milhões de anos e cuja duração de vida é estimada em 10^{10} anos. Este processo baseia-se na conversão do hidrogénio em hélio (ciclo de Bethe):

$$4\ {}_{1}^{1}H \longrightarrow {}_{2}^{4}He + 2\ {}_{1}^{0}e + 2\,\gamma + 26.7\ \ Mev$$

O Sol emite grandes quantidades de energia para o espaço, com uma potência estimada em 64000 kW/m². Esta radiação escapa em todas as direcções e viaja pelo espaço sob a forma de feixes paralelos à velocidade da luz, que é de 300000000 m/s. Esta radiação colectiva ou irradiância solar, também conhecida por irradiação solar, percorre uma distância de cerca de 150 milhões de quilómetros para atingir as camadas exteriores da atmosfera terrestre, com uma potência de cerca de 1367 W/m². Este valor é designado por constante solar.

2.5-O Blackbody:

Definição: O corpo negro, termo introduzido por Gustav Kirchhoff em 1862, é um objeto teórico em física que absorveria toda a energia electromagnética que recebe, sem a refletir ou transmitir. Como a luz é uma onda electromagnética, seria completamente absorvida, fazendo com que o objeto parecesse negro, daí o seu nome.

Lei de Wien: A Lei de Wien estabelece uma relação entre a temperatura de um objeto aquecido e o comprimento de onda em que a sua radiação atinge a intensidade máxima. Indica que uma temperatura mais elevada conduz a um comprimento de onda máximo mais curto no espetro eletromagnético.

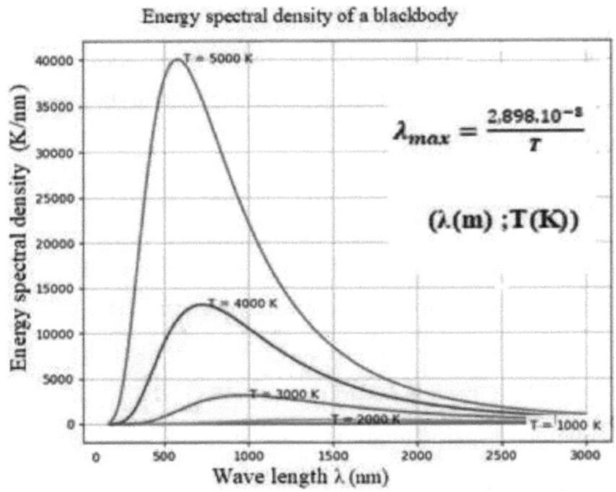

Figura 4: Relação entre T, λ.

Um exemplo concreto da Lei de Wien envolve a radiação de um corpo negro (como o Sol). A temperatura da superfície do Sol é de aproximadamente 5778 Kelvin (K). Usando a Lei de Wien, podemos calcular o comprimento de onda em que a radiação solar atinge a sua intensidade máxima: λmax=500nm, correspondente à cor verde-amarela no espetro visível. Outra aplicação da Lei de Wien é estimar o comprimento de onda máximo da radiação emitida pelo corpo humano. Dada a temperatura média do corpo de 37°C, o comprimento de onda máximo é λmax=935nm. Este comprimento de onda situa-se na gama dos infravermelhos, indicando que a radiação térmica do corpo humano é emitida principalmente como infravermelhos. Isto tem implicações na deteção do calor corporal e nas aplicações de monitorização da temperatura.

2.6-Solar Espectro:

O calor gerado no núcleo do Sol é convertido em radiação solar (luz) sob a forma de fotões, formando ondas electromagnéticas que se propagam pelo espaço sem perda de energia, incluindo em direção à Terra. A radiação solar é constituída por uma gama de comprimentos de onda, desde os raios ultravioleta, passando pela luz visível, até aos infravermelhos.

Distribuição do espetro solar: O espetro solar está dividido em três tipos de radiação:

<table>
<tr><th>Tipo de radiação</th><th>Gama de comprimentos de onda (nm)</th><th colspan="2">Proporção (%)</th></tr>
<tr><td>Ultravioleta-C (UV-C)</td><td>100-280</td><td rowspan="3">7 %</td><td>Muito baixo</td></tr>
<tr><td>Ultravioleta-B (UV-B)</td><td>280-315</td><td>5%</td></tr>
<tr><td>Ultravioleta-A (UV-A)</td><td>315-400</td><td>95%</td></tr>
<tr><td>Luz visível</td><td>400-700</td><td colspan="2">44 %</td></tr>
<tr><td>Infravermelhos próximos</td><td>700-1400</td><td colspan="2" rowspan="2">49 %</td></tr>
<tr><td>Infravermelhos distantes</td><td>1400-1600</td></tr>
</table>

Tabela 4: Distribuição do espetro solar.

a-Solar light:

A luz solar percebida pelo ser humano é o resultado da interação entre as ondas electromagnéticas emitidas pelo sol e os fotorreceptores presentes na retina dos nossos olhos. Esta interação baseia-se na sensibilidade selectiva destes fotorreceptores a diferentes comprimentos de onda da luz. A luz solar é constituída por uma gama de comprimentos de onda que vai do ultravioleta ao infravermelho, mas a parte visível deste espetro é a que o nosso sistema visual consegue interpretar. Os cones, que são tipos de fotorreceptores na retina, são responsáveis pela perceção de cores diferentes com base na sua respectiva sensibilidade aos comprimentos de onda da luz visível. Assim, a luz solar é interpretada pelo nosso sistema visual como uma variedade de cores e tonalidades que melhoram a nossa perceção visual do mundo.

b- **Visível luz:**

A maior parte da radiação solar que atinge a Terra situa-se na gama da luz visível. A luz visível é a parte do espetro solar que é visível ao olho humano. É constituída por várias cores, que vão do violeta (comprimentos de onda curtos) ao vermelho (comprimentos de onda longos). A luz visível é crucial para a visão e é responsável pelas cores que percepcionamos.

Cor	Gama de comprimentos de onda (nm)
Violeta	380 - 450
Índigo	450 - 420
Azul	480 - 500
Verde	500 - 570
Amarelo	570 - 590
Laranja	590 - 620
Vermelho	620 - 750

Tabela 5: Caraterísticas da luz visível.

O gráfico da eficiência luminosa relativa do olho humano em função do comprimento de onda para a visão diurna.

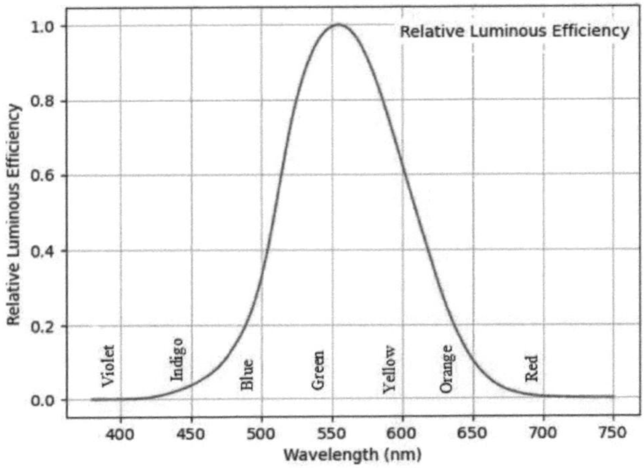

Figura 5: Eficiência luminosa relativa do olho humano.

Este gráfico fornece uma representação visual de como o nosso olho reage à luz em diferentes comprimentos de onda durante o dia. Especificamente, indica como o nosso olho percepciona o brilho relativo em vários comprimentos de onda de luz ao longo do dia. A sensibilidade máxima do olho humano situa-se à volta de 555 nm, que corresponde à cor verde-amarela. Isto significa que a luz deste comprimento de onda é percepcionada de forma particularmente intensa pelo nosso olho quando é dia. Noutros comprimentos de onda, a sensibilidade pode ser menor, o que sugere que essas cores podem ser percepcionadas com menos intensidade do que a cor verde-amarela.

c- Exemplo de aplicação na radiação solar :

1. Qual é a energia emitida pelo Sol por unidade de área de superfície (Fluxo Radiativo)?
2. Qual é a potência total emitida pelo Sol?
3. A energia recebida pela esfera Sol-Terra?
4. Qual é a potência recebida pelo disco da Terra?
5. Qual é a potência de superfície distribuída por cada metro quadrado do globo terrestre?

Dado que:

D(S-T) $=150\times10^6$ km, R(T)=6400km, $\sigma=5,7\times10^{-8}$ W/m²-K⁴, T=5800K.

Solução:

1. **Potência irradiada pelo Sol por unidade de área de superfície (fluxo radiativo)**:

A potência radiada pelo Sol por unidade de superfície é dada pela lei de Stefan-Boltzmann:

$F=\sigma\times T^4$

$F=5,7\times10^{-8}\cdot(5800)^4\approx$ **$6,37\times10^7$ W/m².**

2. **Potência total irradiada pelo Sol:** Para calcular a potência total irradiada pelo Sol, temos de ter em conta toda a área da superfície do Sol:

S Sun$=4\times\pi\times R^2=6,044\times10^{18}$ m^2 .

A potência irradiada pelo Sol é então dada por:

P=F· S Sun= $(6.37\times10^7)\times(4\pi\cdot(6.96\times10\ )^{82})\approx$ **3.85×10^{26} W.**

3. **Energia recebida pela esfera Sol-Terra:**

Potência irradiada pelo Sol: $3,84\times10^{26}$ W.

Superfície da esfera Sol-Terra: Esfera $S=4*\pi*r^2$,

onde r é a distância entre o Sol e a Terra (150 milhões de km). S **esfera=$4\times\pi\times$** $(150\times10^6\times1000)^2$ m^2 .

Potência recebida: P $_{Recebida=3}$,84×10^{26} / $(4\pi\times(150\times10^6\times1000)^2)$ W/m² $\approx1365,6$ W/m² A potência recebida pela esfera Sol-Terra é: **1365,6 W/m².**

4. **Energia recebida pelo disco da Terra:**

Para encontrar a potência recebida pela Terra, precisamos de considerar a superfície da Terra virada para o Sol: S Disco-Terra$=\pi\times R^2=\pi\cdot(6400\times10\ )^{32}=1,27\times10^{14}$ m^2 .

Calcular a potência recebida (P $_{Terre}$) pela Terra:

P Terre=P **Recebido×S** $_{Disco\ Terra=}$ $(6,37\times10^7)\cdot(\pi\cdot(6400\times10\ )^{32})$ **$\approx1,73\times10^{17}$ W. 5.Potência de superfície distribuída por cada metro quadrado do globo terrestre:**

A potência de superfície distribuída pelo globo terrestre é a potência recebida pela Terra dividida pela superfície total da Terra:

S Sphère-Terre$=4\times\pi\times R^2=5,1\times10$ $m^{14\,2}$.

P Surfacique=P $_{Terre/}$$(4\times\pi\times R^2)=1,73\times10^{17}/(5,1\times10^{14})=340$ **W/m²** .

3- O casal Terra - Sol:

3.1-Solar Radiação através do espaço:

Camada atmosférica	Altitude (km)	Composição atmosférica
Exosfera	> 700	Moléculas dispersas
Termosfera	80 - 700	Nitrogénio (N_2), Oxigénio (O_2), vestígios de outros gases
Mesosfera	50 - 80	Oxigénio (O_2), Azoto (N_2)
Estratosfera	12 - 50	Ozono (O_3), Azoto (N_2), Oxigénio (O_2)
Troposfera	0 - 12	Nitrogénio (N_2), Oxigénio (O_2), Dióxido de carbono (CO_2), Vapor de água (H_2O)

Tabela 6: Camadas atmosféricas da Terra.

A atmosfera é constituída por camadas distintas que se sobrepõem umas às outras. Começando pela superfície da Terra, estas camadas incluem a troposfera, a estratosfera, a mesosfera e a termosfera. A composição da atmosfera é praticamente a mesma para as três primeiras camadas dentro da troposfera, com uma fina camada de ozono na estratosfera para absorver os raios UV. O ar seco encontra-se principalmente na troposfera, que constitui a camada mais baixa da atmosfera terrestre. Estendendo-se desde a superfície da Terra até uma altitude de aproximadamente 7 a 17 quilómetros, este intervalo pode variar em função das regiões geográficas e das condições meteorológicas. A troposfera é o local onde ocorrem os fenómenos meteorológicos, incluindo nuvens, precipitação, neve e ventos. A composição do ar seco é constituída principalmente por 78% de azoto, 21% de oxigénio, 0,9% de árgon e 0,03% de dióxido de carbono (CO_2), juntamente com concentrações variáveis de gases como o vapor de água (H_2O) e o dióxido de carbono (CO_2), que se alteram espacialmente e ao longo do tempo **Figura 6**. À medida que se sobe na atmosfera, passando pela estratosfera, mesosfera e termosfera, a composição do ar muda devido às diferentes altitudes e aos processos físicos e químicos que ocorrem.

Atualmente, certos componentes estão a sofrer aumentos significativos de concentração devido a várias actividades humanas. Embora os componentes menores existam em quantidades vestigiais, o seu papel na formação do ambiente terrestre é profundo.

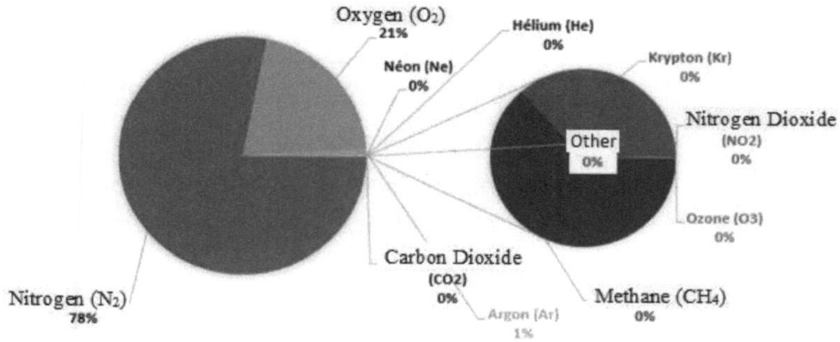

Figura 6: Proporção relativa de vários gases atmosféricos.

A proporção relativa dos principais gases atmosféricos na atmosfera terrestre, expressa em percentagem, é apresentada no Quadro 7:

Main Gases	Proportion (%)
Nitrogen (N_2)	78.08%
Oxygen (O_2)	20.95%
Argon (Ar)	0.93%
Carbon Dioxide (CO_2)	0.041%
Neon (Ne)	0.0018%
Helium (He)	0.000524%
Methane (CH_4)	0.0002%
Krypton (Kr)	0.000114%
Nitrogen Dioxide (NO_2)	Trace
Ozone (O_3)	Trace

Tabela 7: Composição da Atmosfera da Terra (Principais Gases e suas Propriedades).

Os constituintes menores existem em quantidades vestigiais, mas o seu papel no ambiente da Terra é significativo porque:

* Influenciam o equilíbrio radiativo da Terra (gases com efeito de estufa, aerossóis).

* Afectam a qualidade química do ar atmosférico e da precipitação, nomeadamente em termos de acidez e de capacidade oxidante.

* Em concentrações elevadas, podem formar substâncias tóxicas, com impacto na saúde animal e humana, bem como na vegetação.

3.2-Influência da Atmosfera na Radiação Solar :

A influência da atmosfera na radiação solar refere-se ao impacto que a atmosfera da Terra tem na energia solar proveniente do Sol, à medida que esta atravessa a atmosfera antes de atingir a superfície terrestre. A atmosfera actua como um filtro e um modificador da radiação solar, afectando a sua intensidade, distribuição e composição **Figura** 7.

Compreender a influência da atmosfera na radiação solar é crucial para vários domínios, incluindo a meteorologia, as ciências climáticas e a investigação sobre energias renováveis. Também sublinha a relação dinâmica entre a atmosfera da Terra e o equilíbrio energético do planeta.

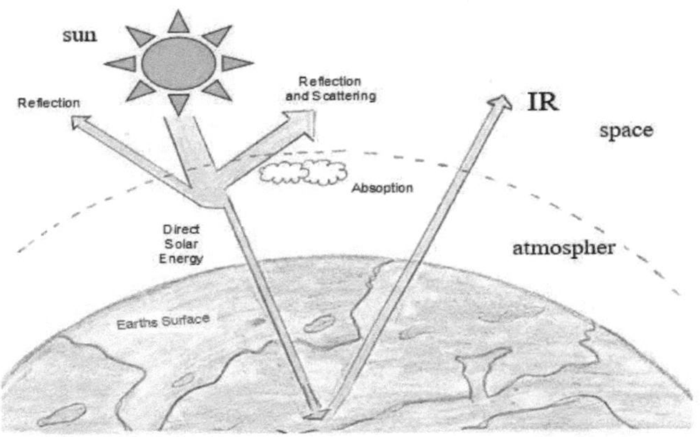

Figura 7: Absorção atmosférica Vários factores contribuem para a atenuação da radiação solar:

***Dispersão:** As moléculas e partículas da atmosfera dispersam a radiação solar, sendo os comprimentos de onda mais curtos (azul e violeta) mais dispersos do que os comprimentos de onda mais longos (vermelho e laranja). É por esta razão que o céu parece azul durante o dia.

***Absorção:** Certos componentes atmosféricos, tais como gases como o ozono (O_3), o dióxido de carbono (CO_2) e o vapor de água (H_2O), têm a capacidade de absorver seletivamente certos comprimentos de onda da radiação solar. Por exemplo, o ozono absorve uma parte da radiação ultravioleta (UV), enquanto o CO_2 e o vapor de água absorvem partes específicas da radiação infravermelha (IR). Esta absorção pode contribuir para o aquecimento da atmosfera.

***Reflexão:** Alguma radiação solar é reflectida para o espaço por nuvens, aerossóis e pela superfície da Terra. O albedo, a refletividade de uma superfície, desempenha um papel importante nesta reflexão.

***Atenuação:** A radiação solar é atenuada à medida que atravessa a atmosfera, o que significa que a sua intensidade diminui devido à dispersão e absorção.

***Comprimento do trajeto:** O ângulo em que a radiação solar entra na atmosfera influencia o comprimento do caminho que percorre. A luz solar que passa através de uma porção mais espessa da atmosfera encontra mais dispersão e absorção.

3.3-Absorção Espectro:

Parte do espetro de luz	Interação com a Atmosfera da Terra	Consequências
Raios ultravioleta (UV)	Forte absorção pelo ozono (O_3)	Aquecimento da estratosfera, proteção contra os raios UV nocivos
Luz visível	Transmissão relativamente elevada na atmosfera	Iluminação da superfície da Terra, criação de cores do céu com base na luz dispersão
Raios infravermelhos (IR)	Absorção por certas moléculas, como o dióxido de carbono (CO_2)	Aquecimento atmosférico, efeito de estufa

Tabela 8: Espectro de absorção.

3.4-Atenuação da radiação solar :

A atmosfera altera o espetro da radiação solar através de processos como a absorção por vários gases, a dispersão por moléculas de ar, aerossóis e nuvens. A dispersão é uma redistribuição da radiação solar que interage com moléculas de gás, gotículas e aerossóis em todas as direcções sem alterar o seu comprimento de onda.

Existem dois tipos de dispersão: A dispersão de Rayleigh e a dispersão de Mie.

A dispersão de Rayleigh afecta principalmente as moléculas de ar puro e seco, como o azoto e o oxigénio. Trata-se de uma dispersão selectiva causada por partículas com diâmetros muito inferiores ao comprimento de onda incidente. O coeficiente de extinção que caracteriza este tipo de dispersão é dado pela seguinte relação:

$$K(\lambda)=0{,}008735\times \lambda^{-4}$$

A dispersão de Mie refere-se à dispersão por partículas com tamanhos comparáveis aos comprimentos de onda, como se observa no vapor de água e nos aerossóis. O coeficiente de extinção é expresso como:

$$K_a(\lambda)= \beta\times\lambda^{-\alpha}$$

Onde α está relacionado com o tamanho das partículas e varia entre 0 (para partículas grandes) e 4 (para partículas pequenas). O valor médio para os aerossóis é $\alpha = 1{,}3$. E β é o coeficiente de turbidez atmosférica estabelecido por Angström. Representa o número de aerossóis presentes na atmosfera. É de 0,02 para céus muito claros (azul profundo) e de 0,2 para céus poluídos.

3.5-Influência da massa de ar AM na Radiação Solar :

O conceito de massa de ar relativa (AM) em astronomia e meteorologia é utilizado para quantificar a quantidade de atmosfera que a luz solar tem de atravessar antes de chegar a um observador na superfície da Terra. A AM varia consoante o ângulo de incidência do Sol no céu.

A equação pode ser utilizada para calcular a AM com base no ângulo de incidência solar h.

m' = 1 / sin(h)

Quando h = 90^0 (sol no zénite), sin (90^0) = 1, logo **m' = 1 (AM1).**

Eis um quadro que resume os diferentes casos de AM (massa de ar relativa) em função do ângulo de incidência do sol (h):

Ângulo de incidência (h)	AM	Descrição
90^0 **(Zénith)**	AM1	A luz passa através da mais pequena camada atmosférica espessura
41.8 ^{0}	AM1.5	Ângulo típico para energia solar padrão medidas
30 ^{0}	AM2	A luz passa através de uma camada espessa de atmosfera
15 ^{0}	AM3	A luz passa através de uma camada espessa de atmosfera
0^0 **(Horizon)**	AM infinito	A luz atravessa a maior parte da atmosfera espessura

Tabela 9: Massa de ar relativa (AM).

Nota: quando a massa de ar relativa (m'=0), significa uma observação efectuada fora da atmosfera terrestre. Isto corresponde ao conceito de AM0, que representa o espetro solar acima da atmosfera terrestre.

A porção de energia recebida na superfície da Terra depende da espessura da atmosfera que atravessa. Isto é caracterizado pelo número de massa de ar (AM). A radiação que atinge o nível do mar ao meio-dia sob um céu limpo é de 1000 W/m²; isto é descrito como Massa de

Ar 1 (ou AM1). À medida que o Sol se desloca para baixo no céu, a luz atravessa uma maior espessura de ar, perdendo mais energia **Figura 8**.

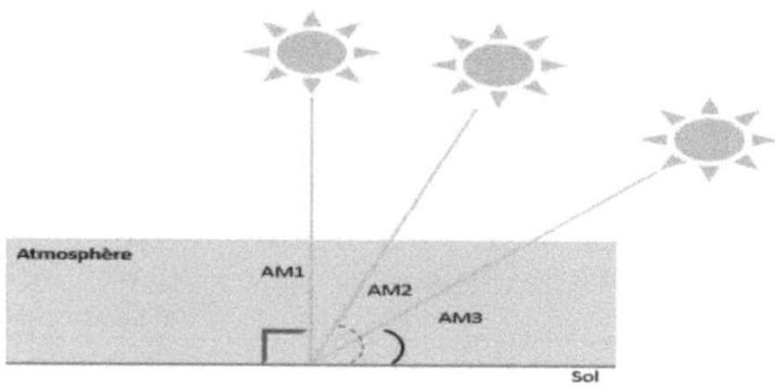

Figura 8: Massa de ar

A atenuação da radiação solar refere-se à redução da intensidade da radiação solar à medida que esta atravessa a atmosfera terrestre. A atmosfera actua como um filtro para a radiação solar, o que significa que certos comprimentos de onda ou componentes da radiação podem ser parcialmente absorvidos, dispersos ou reflectidos antes de atingirem a superfície da Terra **Figura 9**.

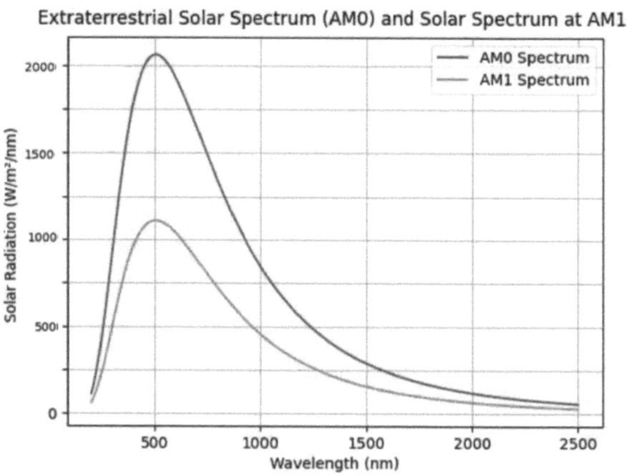

Figura 9: Os efeitos da atmosfera no espetro solar.

3.6-Clouds:

As nuvens são formações na atmosfera compostas por minúsculas gotículas de água ou cristais de gelo. Desenvolvem-se quando o vapor de água arrefece e se condensa em pequenas partículas. As nuvens podem ser classificadas em três tipos principais com base na sua aparência a diferentes altitudes: nuvens baixas, nuvens de nível médio e nuvens altas. Os meteorologistas definiram formas distintas de nuvens com base na altitude e nas condições de formação. As espécies de nuvens são determinadas por várias caraterísticas, como a sua forma e dimensões. As nuvens também são classificadas de acordo com a sua altitude.

Altitude média da base (m)	**Classificação da nuvem**	**Nomes de nuvens**
0 - 2,000 m	Nuvens baixas	Cumulus, Stratus, Cumulonimbus, Stratocumulus, Nimbostratus, etc.
2,000 - 6,000 m	Nuvens de nível médio	Altocumulus, Altostratus
6,000 - 12,000 m	Nuvens altas	Cirrocumulus, Cirrostratus
> 12,000 m	Nuvens de alta altitude	Cirrus

Tabela 10: Classificação das nuvens por altitude.

3.7-Fração de isolamento (σ):

A nebulosidade é o parâmetro meteorológico que permite estimar o grau de envolvimento das nuvens nos fenómenos de difusão. É expresso em fracções oitavadas ou decimais de cobertura do céu. Sendo este conceito puramente descritivo, está ligado à fração de insolação **σ**, que é uma grandeza mensurável quando se conhecem as durações de insolação registadas pelo heliógrafo. Este parâmetro representa as condições de nebulosidade do céu. É derivado do rácio:

$$\sigma = S / s_0$$

em que **S** é a duração da insolação medida e s_0 é a duração máxima da insolação ou a duração da luz do dia. A expressão **σ** = duração da insolação / duração da luz do dia sugere que a duração da insolação é dividida pela duração total do dia. Esta relação pode ser utilizada para determinar a proporção de tempo durante o qual o sol está efetivamente a brilhar em comparação com a duração total do dia. Um valor de σ inferior a 1 indicaria que o sol é visível apenas durante uma parte do dia, enquanto um valor de σ igual a 1 significaria que o sol é visível durante toda a duração do dia.

Eis os exemplos de valores de σ (duração da insolação) numa tabela:

Dia	Duração da insolação (σ)
Dia de sol	0.8 - 1
Dia parcialmente nublado	0.5 - 0.8
Dia muito nublado	0.2 - 0.5
Dia nublado	0 - 0.2

Tabela 11 : Duração da insolação solar (σ).

4- Esquema da radiação solar recebida no Ground:

Num dia claro e sem nuvens, a maioria dos raios solares diretos atinge a Terra sem mudar de direção. Quando os raios diretos encontram nuvens ou impurezas na atmosfera, o resultado é uma radiação dispersa que atinge a Terra a partir de todas as direcções. Uma parte da radiação incidente é reflectida pelo ambiente da superfície coletora, formando a radiação reflectida.

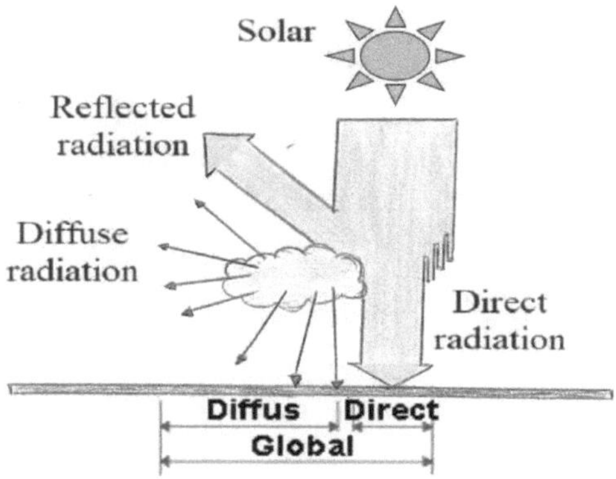

Figura 10: Radiação global = Radiação direta + Radiação difusa + Albedo.

4.1-Radiação global :

A soma das radiações direta, difusa e reflectida produz a radiação global, que depende principalmente da estação do ano e das condições meteorológicas locais. Representa a energia radiante total dusol que atinge uma superfície horizontal na superfície da Terra numa unidade de tempo específica. É de cerca de 1000 W/m² para a radiação solar vertical.

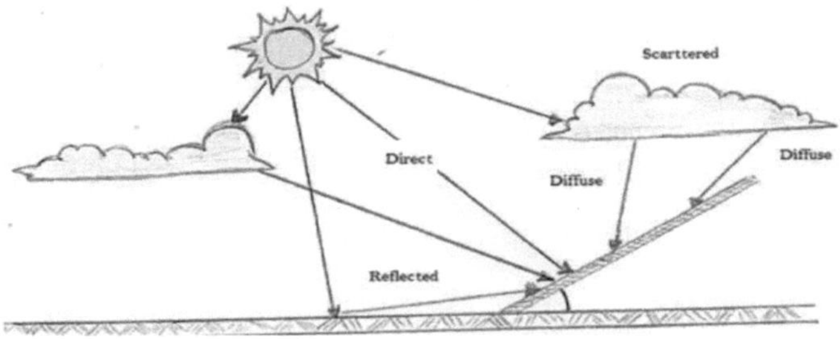

Figura 11: Radiações diretas, difusas e reflectidas.

4.2-Reflexão da radiação solar :

A componente reflectida representa uma parte menor da radiação solar. A parte reflectida depende do albedo, que é o coeficiente de reflexão solar da superfície recetora. O fluxo intercetado pela superfície depende então apenas da sua inclinação.

a-Albedo:

O albedo da Terra é definido como a proporção de energia incidente reflectida pela Terra em comparação com a energia recebida.

Tipo de superfície	Albedo (Refletividade)
Oceano	0.05
Lua	0.07
Floresta	0.12
Betão	0.15
Relva	0.25
Areia	0.37
Gelo	0.60
Nuvem	0.80
Neve	0.85
Espelho	≈ 1

Tabela 12: Valores de albedo.

Nem todos os corpos têm a mesma capacidade de reflexão: as superfícies claras (como a neve, o gelo, etc.) têm um albedo mais elevado do que as superfícies escuras (como a água do mar, a vegetação, etc.).

b-Radiação solar difusa :

A componente difusa da radiação solar representa o fluxo proveniente de todas as direcções do céu. Num céu encoberto, a radiação difusa predomina sobre a radiação direta. É menos pronunciada num céu limpo.

Condição do céu	**Descrição**	**Valor da radiação solar**
Limpo ou ensolarado Céu	Brilho intenso, radiação solar direta, alta energia.	1000 W/m²
Céu parcialmente nublado	Nuvens parcialmente a bloquear o sol, moderado radiação.	500 W/m²
Nublado ou Céu nublado	Nuvens que bloqueiam a maior parte da radiação solar direta, luz atenuada.	250 W/m²
Precipitação	Chuva ou neve que absorve e dispersa a energia solar radiação, redução significativa da luz solar.	< 250 W/m²

Tabela 13: Radiação solar em diferentes condições de céu.

Radiação solar com base nas condições do céu:

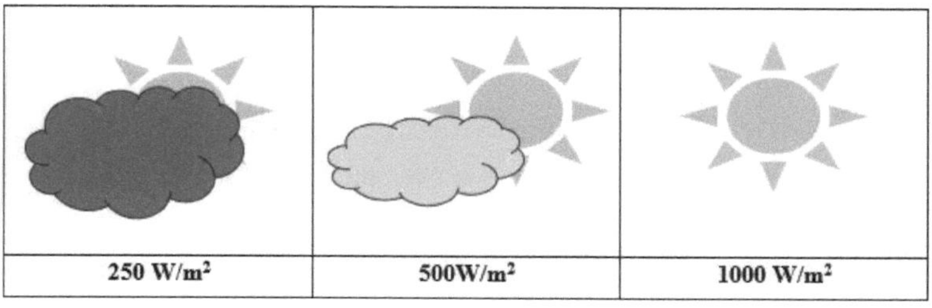

Figura 12: Radiação solar com base nas condições do céu.

4.3-Radiação solar direta :

A componente direta da radiação solar representa o fluxo solar que atinge diretamente a superfície quando esta está exposta ao sol. Esta componente depende principalmente do ângulo de elevação do sol e do ângulo de incidência num dado momento.

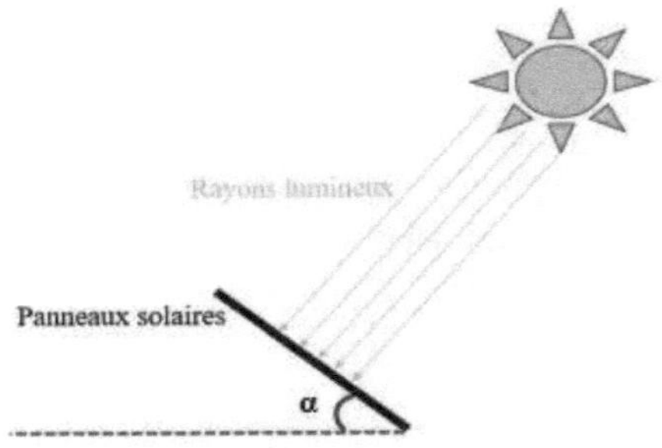

Figura 13: Radiação solar direta.

Quanto mais normal for o fluxo em relação à superfície considerada, mais significativo é; quanto mais rastejante, mais fraco se torna.

5- Movimentos da Terra :

A Terra sofre dois movimentos principais: a rotação em torno do seu eixo e a revolução em torno do Sol.

***A rotação da Terra** é o movimento pelo qual o planeta gira em torno do seu eixo imaginário, chamado eixo de rotação. Este movimento é responsável pela alternância entre o dia e a noite. A Terra completa uma rotação completa em cerca de 24 horas, o que corresponde a um dia. Durante a rotação, diferentes partes da Terra são expostas à luz solar, criando o ciclo dia-noite.

***A revolução da Terra** é o movimento pelo qual o planeta orbita em torno do Sol. A Terra segue uma órbita elíptica em torno do Sol, com o Sol próximo de um dos focos desta elipse. O tempo que a Terra leva para completar uma volta completa em torno do Sol é de aproximadamente 365,25 dias, o que corresponde a um ano. Isto constitui a base do calendário que utilizamos, com um ano bissexto adicionado de quatro em quatro anos para ter em conta o quarto de dia extra.

A combinação da rotação da Terra sobre o seu eixo com a sua revolução em torno do Sol resulta em vários fenómenos observáveis:

-Dia e noite: Devido à rotação da Terra, diferentes partes do globo são expostas à luz solar, criando o ciclo dia-noite. Quando a sua posição na Terra está virada para o Sol, é dia, e quando está virada para o exterior, é noite.

-Estações do ano: Devido à inclinação do eixo da Terra em relação ao seu plano orbital, diferentes regiões da Terra recebem quantidades variáveis de radiação solar ao longo do ano. Isto leva a mudanças sazonais, como o verão, o inverno, a primavera e o outono.

-Anos bissextos: Para compensar o quarto de dia extra no ano, é acrescentado um ano bissexto de quatro em quatro anos.

5.1-Giração e órbita da Terra em torno do Sol:

Na sua órbita em torno do Sol, a Terra segue uma trajetória elíptica, completando uma órbita completa em torno do Sol num ano e uma rotação completa sobre o seu eixo em 24 horas. A inclinação axial, com um ângulo de declinação de 23°27', é responsável pela mudança das estações do ano.

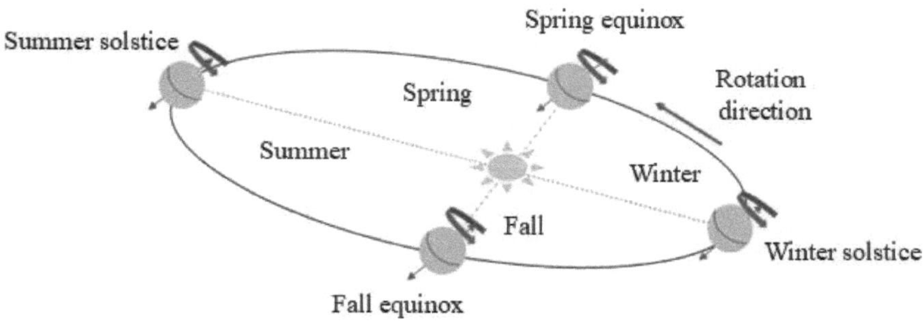

Figura 14: A órbita da Terra em torno do Sol.

*Durante o **solstício de verão (21 de junho)**: a Terra está inclinada na direção dos raios solares. Uma pessoa que viva a uma latitude de 66°33' N teria de ficar acordada até à meia-noite para ver o Sol dar a volta ao norte, mergulhar até tocar no horizonte e recomeçar a nascer na parte oriental do céu. A altura do Sol ao meio-dia solar é 23°27' mais elevada do que durante o equinócio.

$$H = 90° - L + 23°27.$$

*Durante **o solstício de inverno (22 de dezembro):** o ângulo de inclinação é invertido e é o Trópico de Capricórnio (latitude 23°27' S) que experimenta uma luz solar perpendicular. A altura do Sol ao meio-dia solar é 23°27' mais baixa do que durante o equinócio. **H = 90° - L - 23°27'.**

***Durante os equinócios da primavera e do outono (21 de março, 21 de setembro)**: ao meio-dia, a radiação é perpendicular ao equador e, em todo o globo, os dias e as noites têm a mesma duração. A altura do Sol ao meio-dia solar é a mais fácil de calcular. **H = 90° - L.**

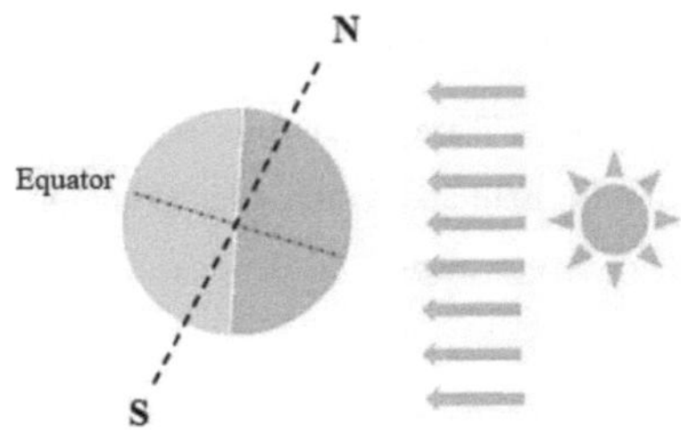

Figura 15: O eixo da Terra está inclinado em relação à sua órbita à volta do Sol.

5.2-Localização de um local na superfície da Terra :

É possível determinar a posição do Sol na esfera celeste com base no tempo e na localização do observador na Terra. Para localizar um sítio específico na superfície da Terra, são definidos os seguintes parâmetros:

5.2.1-Geográfico Coordenadas:

a-Latitude (θ): Especifica a localização de um ponto em relação ao equador; varia de 0° no equador a 90° Norte (ou Sul) nos pólos. Representa a distância angular do local S em relação ao plano do equador, com **θ** variando de -90° a +90°.

Assim: **θ** > 0 indica o norte, **θ** < 0 indica o sul. **Figura 16.**

b-Longitude (φ): É o ângulo φ formado entre o meridiano de Greenwich e o meridiano do local. A longitude varia de -180 (oeste) a +180 (leste). Como a Terra leva 24 horas para completar uma rotação (360°), cada hora representa uma diferença de 15° na longitude, fazendo com que cada grau de longitude seja igual a 4 minutos.

c-Altitude (z): É a distância vertical expressa em metros, que separa o ponto do relevo da superfície terrestre ao nível do mar, tomado como superfície de referência.

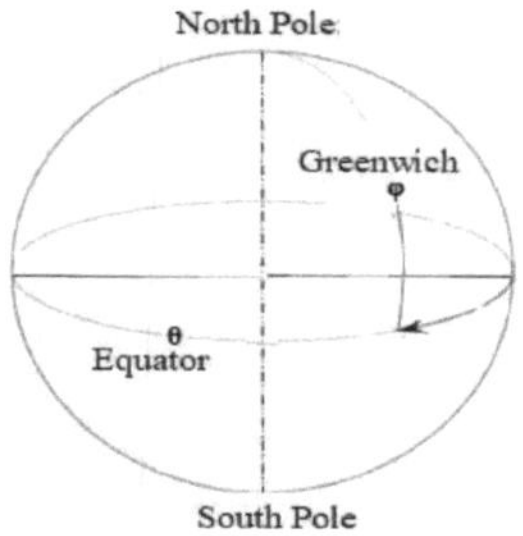

Figura 16 : Coordenadas geográficas

Localização	Latitude	Longitude
Argel (Argélia)	36.7528° N	3.0422° E
Buenos Aires (Argentina)	34.6037° S	58.3816° W
Cairo (Egito)	30.0444° N	31.2357° E
Istambul (Turquia)	41.0082° N	28.9784° E
Cidade do Cabo (África do Sul)	33.9249° S	18.4241° E
Londres (Reino Unido)	51.5074° N	0.1278° W
Moscovo (Rússia)	55.7558° N	37.6176° E
Nova Iorque (Estados Unidos)	40.7128° N	74.0060° W
Paris (França)	48.8566° N	2.3522° E
Rio de Janeiro (Brasil)	22.9068° S	43.1729° W
Sydney (Austrália)	33.8688° S	151.2093° E
Tóquio (Japão)	35.6895° N	139.6917° E

Tabela 14: Coordenadas de latitude e longitude para locais selecionados.

5.3-Movimento aparente do Sol:

Para compreender e utilizar plenamente a influência do Sol na seleção e tratamento de um local, é essencial conhecer a posição do Sol no céu em cada momento. Esta informação é crucial para calcular os ganhos solares, escolher a orientação de um edifício, posicionar os sistemas solares activos (térmicos ou fotovoltaicos), organizar os espaços exteriores vizinhos, fornecer iluminação natural aos espaços interiores, determinar a colocação de janelas, ajardinar, etc.

Figura 17: Movimento aparente do Sol.

A posição do Sol na esfera celeste é determinada em qualquer momento do dia utilizando dois sistemas de coordenadas:

5.3.1-Coordenadas equatoriais: As coordenadas equatoriais são independentes da localização do observador na Terra, mas estão relacionadas com o tempo de observação. A posição do Sol é expressa através de dois ângulos, que são:

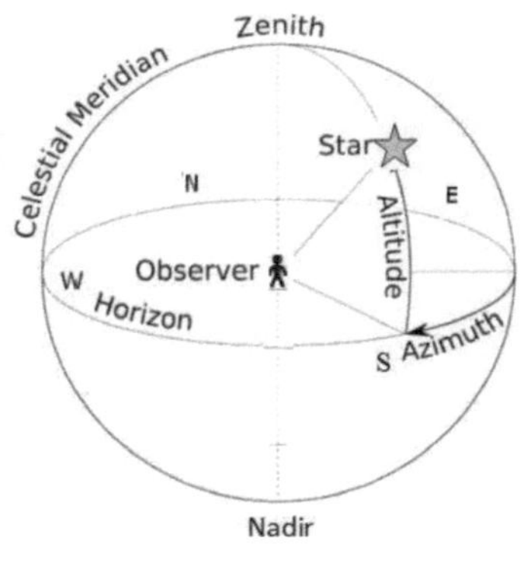

Figura 18: Coordenadas da Terra

a-Declinação (δ):

É o ângulo entre a direção do Sol e o plano equatorial, e varia sinusoidalmente ao longo do ano. Foram desenvolvidas várias expressões para calcular a declinação, por exemplo.

$$\delta = 23{,}45 \times \sin[360/365 \times (n+284)]$$

Onde n é o número do dia do ano, de 1 a 365. Equinócio da primavera: 21 de março ; $\delta = 0$

Solstício de verão: 22 de junho ; δ = + 23° 27' Equinócio de outono: 23 de setembro ; δ = 0
Solstício de inverno: 22 de dezembro ; δ = - 23° 27'

Como a declinação é uma função sinusoidal, ela muda rapidamente em torno dos equinócios (0,4°/dia), enquanto permanece quase estacionária durante os períodos em torno dos solstícios de verão e inverno. A figura seguinte mostra a variação da declinação solar em função do dia do ano.

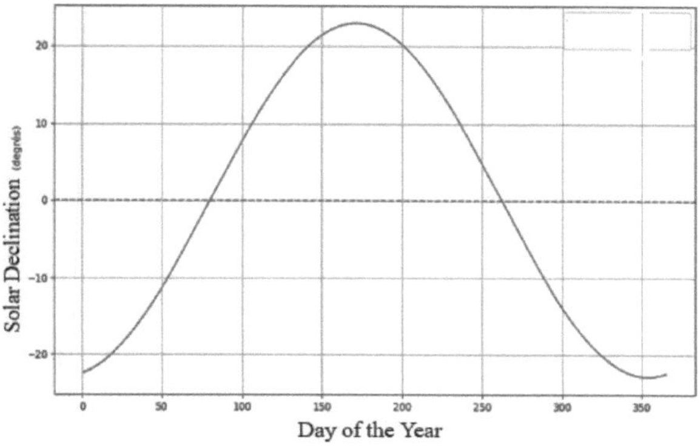

Figura 19: Declinação solar em relação ao dia do ano.

b-Ângulo horário (ω):

O ângulo horário mede o movimento do Sol em relação ao meio-dia, que é o momento em que o Sol atravessa o plano meridiano do zénite. Este ângulo é formado entre a projeção do Sol no plano equatorial num determinado momento e a projeção do Sol no mesmo plano ao meio-dia verdadeiro. O ângulo horário é dado pela equação seguinte:

$\omega = \mathbf{15} \times (ST - 12)$

Sendo ω em graus e ST a hora solar, conforme descrito posteriormente.

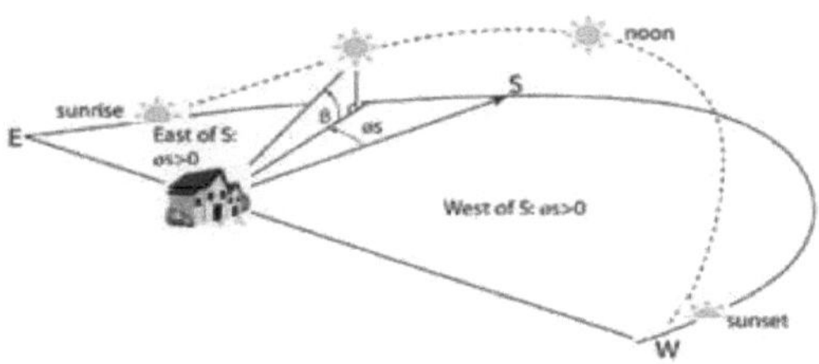

Figura 20: Ângulo Horário Solar (ω).

5.3.2-Horizontal Coordenadas:

O Sol é identificado pelas seguintes quantidades:

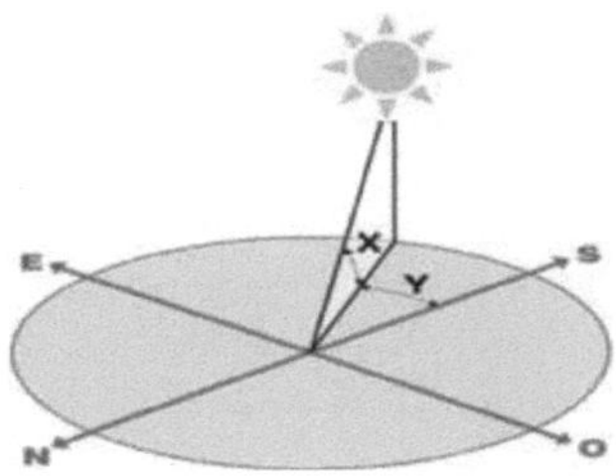

Figura 21: Coordenadas solares no sistema de coordenadas horizontais

a - **Ângulo de elevação** solar **(h)**: Este ângulo é o ângulo entre a direção do Sol e o plano horizontal. h varia de 0° a 90° na direção do zénite e de 0° a -90° na direção do nadir. O ângulo de elevação solar é dado por:

$$\sin h = \sin \theta \times \sin \delta + \cos \theta \times \cos \delta \times \cos \omega$$

b-Angulo azimutal (a): O ângulo azimutal é o ângulo entre o plano vertical que contém o raio solar e a direção sul. É medido de 0° a 360° no sentido horário a partir do sul. A equação para o cálculo do ângulo azimutal é apresentada de seguida:

$$\cos a = (\sin h \times \sin \theta - \sin \delta) / \cos h \times \cos \theta$$

c-Ângulo zenital **(Z)**: Este ângulo é o ângulo entre a direção do Sol e a vertical no local (zénite). O ângulo Z é complementar de h.

$$\cos Z = \sin \delta \times \sin \theta + \cos \delta \times \cos \theta \times \cos \omega$$

A variação da elevação do sol em relação ao azimute está representada na **Figura 22**.

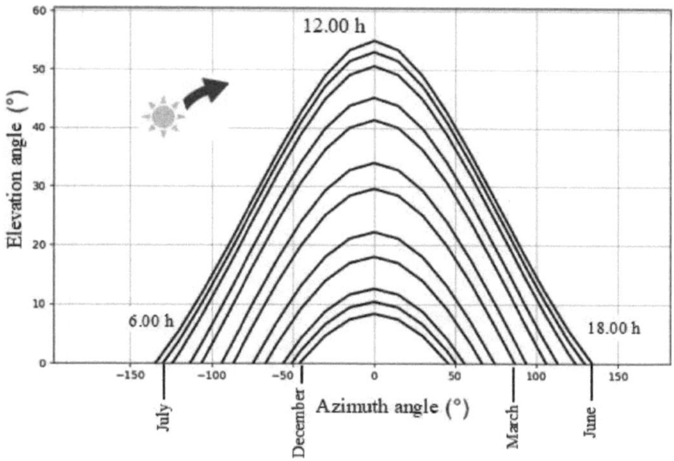

Figura 22: Variação do ângulo de altitude solar com o ângulo de azimute.

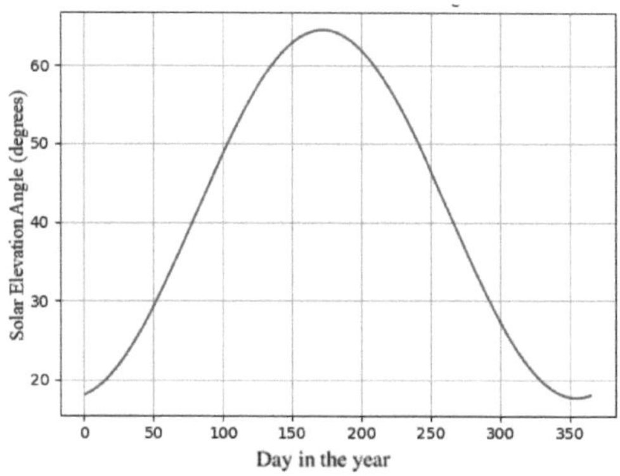

Figura 23: Variação do ângulo de elevação solar.

6- Solar Geometria:

6.1-Distância Terra-Sol:

A variação da distância Terra-Sol em função da data é dada pela seguinte fórmula:

Onde:

d(n)=1-0,017×cos [360/365× (n-2)].

Aqui:

n: O número do dia do ano a partir de 1 de janeiro:

*Ano normal: n=1 a 365 dias
*Ano bissexto: n=1 a 366 dias

1 UA = 149.597.890±500 km ≈150 milhões de km
1 UA = 500 segundos-luz ; 1 UA = 8,3 minutos-luz
Nota: "UA" significa "unidade astronómica" e representa a distância média entre a Terra e o Sol.

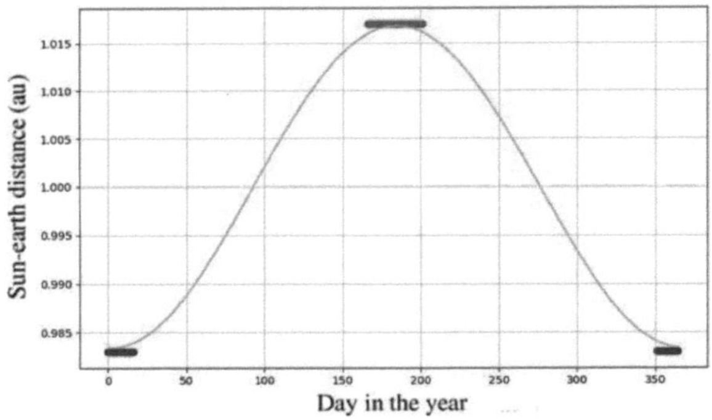

Figura 24: Variações na distância Terra-Sol ao longo do ano.

6.2-Correção da distância Terra-Sol $c_{(t-s)}(n)$:

A radiação emitida pelo Sol é isotrópica e de intensidade constante. A potência recebida fora da atmosfera, num plano de área unitária perpendicular aos raios solares, é inversamente proporcional ao quadrado da distância ao Sol.

$$c_{(t-s)}(n)= [1+0,034 \times \cos (360\times n/365,25)]$$

A variação da correção da distância ao longo do ano está representada na **Figura 25**.

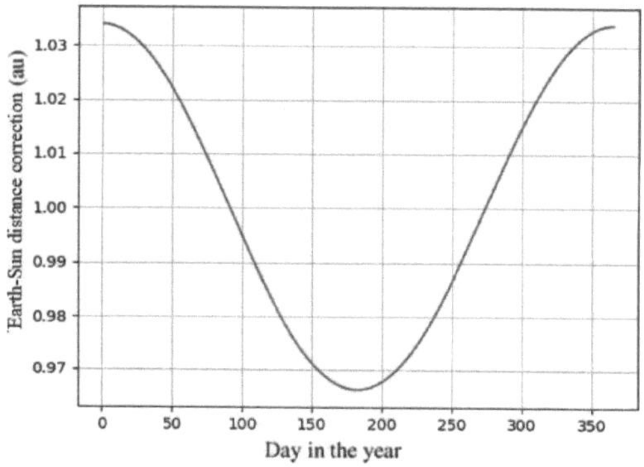

Figura 25: Variação da correção da distância Terra-Sol em função do dia do ano.

7- Radiação solar extraterrestre :

A variabilidade da disponibilidade sazonal da radiação solar à superfície da Terra pode ser compreendida considerando a geometria do movimento relativo da Terra em torno do Sol. Devido à órbita elíptica da Terra, a distância entre a Terra e o Sol flutua ao longo de um ano, resultando numa variação da distância média. Como resultado, a radiação extraterrestre, denotada como I, também segue a lei do inverso do quadrado e pode ser expressa da seguinte forma:

$$\mathbf{I=I0\times}(D0/D)^2$$

Aqui, D representa a distância entre o Sol e a Terra, e D0 é a distância média Terra-Sol para o ano ($\approx 1{,}496\times10^{11}$ m). O fator $(D0/D)^2$ pode ser aproximado da seguinte forma (Spencer 1971):

$$\mathbf{(D0/D)^2 \approx 1+0.034221\times\cos(x)+0.00128\times\sin(x)+0.000719\times\cos(2x)+0.000077\times\sin(2x)}$$

Onde:

- **x=360×** (n-1)/365 graus,
- n = número do dia (a partir de 1 de janeiro é 1)

Em alternativa, a seguinte relação aproximada pode também ser utilizada com uma perda mínima de precisão:

$I = I0 \times c_{t\text{-}s}(n)$ $I = I0[1+0,034 \times \cos(360 \times n/365,25)]$

Onde $I0$ é a constante solar (W/m^2): Refere-se ao fluxo de energia recebido por uma unidade de área orientada perpendicularmente aos raios solares fora da atmosfera terrestre. O valor médio adotado em 1980 é: $I0$ **= 1367 W/m².**

I0 varia ao longo do ano, uma vez que a própria distância Terra-Sol é variável. A constante solar corrigida é: $I = I0 \times$ **ct-s**. A variação da constante solar em função do dia do ano está representada na **Figura 26**:

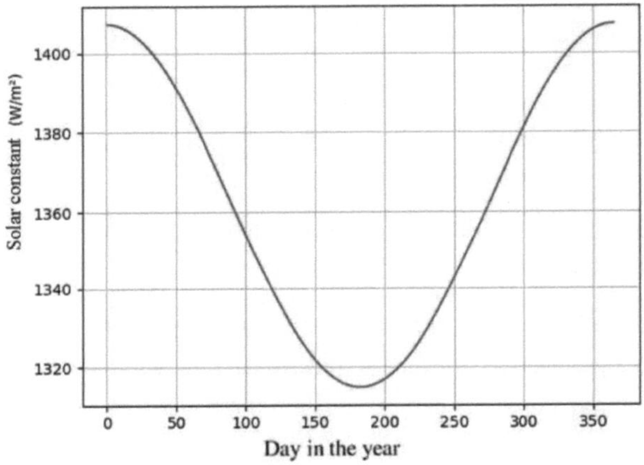

Figura 26: Variação da constante solar em função do dia do ano.

8- Tempo:

A Terra sofre dois tipos de movimento: a rotação da Terra em torno do seu eixo polar e a sua revolução em torno do Sol. A rotação da Terra sobre si mesma define o conceito de dia solar. Uma rotação completa demora 24 horas, definindo assim o tempo, pois cada hora corresponde a uma diferença angular de 15°. A revolução da Terra em torno do Sol define as estações do ano e dá origem à distinção da hora solar (TS).

$$\omega = 15 \times (ST - 12)$$

Onde ω em graus e ST é o tempo solar (hora).

8.1-Tempo solar verdadeiro (ST):

A hora solar (TS) é definida pelas coordenadas angulares actuais do Sol. É calculada a partir do tempo solar médio (MST), adicionando a equação do tempo (Et):

$$\mathbf{ST = MST + Et}$$

8.2-Tempo solar médio (MST):

A diferença entre a hora solar média e a hora universal é designada por correção da longitude. O tempo solar médio (MST) está relacionado com o tempo universal (UT) pela seguinte relação:

$$\mathbf{MST = UT + \varphi/15}$$

Em que φ representa a longitude do local, sendo positiva para as longitudes Este e negativa para as longitudes Oeste. MST é expresso em horas.

8.3-Tempo universal (UT):

O Tempo Universal (TU) é determinado pela hora em que o Sol atravessa o meridiano principal. O meridiano principal escolhido é o de Greenwich (Greenwich Mean Time), e o tempo solar médio (MST) corresponde ao Tempo Universal (UT) na longitude 0°.

8.4-Equação do tempo (Et):

A equação do tempo tem em conta a variação da velocidade de rotação da Terra. É dada pela seguinte equação:

$$\mathbf{Et = 9{,}87\times \sin(2\times\beta_0) - 7{,}53\times\cos(\beta_0) - 1{,}5\times\sin(\beta_0)\ (minutos)}$$

Onde:

β0: ângulo dependente do número de dias do ano: β_0 **= 360/365× (n-81)** (graus) Onde **Et** é

expresso em minutos e **n** é o número de dias do ano a partir de 1 de janeiro.

Nota: Para um local com longitude **φ**, existe uma correspondência direta entre o ângulo horário

ω, hora solar ST, hora solar local LST e hora universal UT:

$$\omega = 15\times\ \mathbf{(ST - 12)\ ST = MST + Et\ MST = UT + \varphi\ /15}$$

$$\omega = 15\times (UT + \varphi /15 + Et - 12)$$

8.5-Tempo legal LT: O tempo legal, abreviado como LT, refere-se ao tempo exibido por relógios e relógios numa região ou país específico. Serve como hora de referência utilizada pela população para coordenar as actividades diárias, os horários de trabalho, os compromissos e outros eventos. A hora legal (LT) é geralmente determinada com base no Tempo Universal Coordenado (UT), também conhecido como hora civil ou hora padrão. O Tempo Universal Coordenado é uma escala de tempo reconhecida mundialmente, baseada em relógios atómicos, e é utilizada para manter uma referência de tempo comum em todo o mundo. A relação entre a LT e a TU depende principalmente dos fusos horários e dos possíveis ajustamentos para a hora de verão e de inverno, bem como da correção sazonal.

$$LT= UT_{+C1+C2} \quad UT=LT-C1-C2$$

Por exemplo: França C1=+1h e C2=0 para o inverno e C2=+1h para o verão Estas diferentes

transições de uma hora para outra são resumidas:

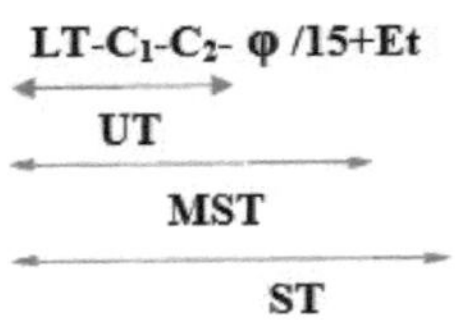

A equação do tempo varia de -14,5 minutos (de 10 a 15 de fevereiro) a +16,5 minutos (de 25 a 30 de outubro).

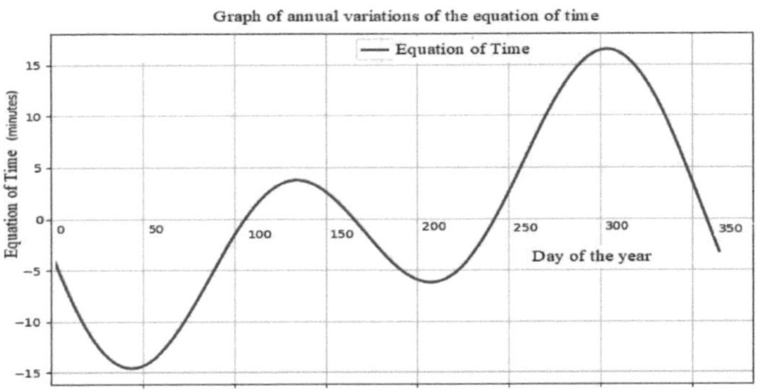

Figura 27: Gráfico das variações anuais da equação do tempo

8.6-Número de dias do ano n: O cálculo do número do dia no ano consiste em adicionar o número do dia no mês (dia do mês) ao número caraterístico de cada mês. n varia de 1 (1 de janeiro) a 365 (31 de dezembro), ou 366 para um ano bissexto. A tabela abaixo fornece os números caraterísticos de cada mês.

Mês	**Jan**	**Fev**	**Mar**	**abril**	**maio**	**Jun**	**Jul**	**agosto**	**setembro**	**outubro**	**Nov**	**Dez**
Número do dia	0	31	59	90	120	151	181	212	243	273	304	334

Quadro 15: Número do dia no início de cada mês.

8.7-Amanhecer e Pôr do sol:

Dada a declinação **δ** e a latitude **θ** do local observado, podemos calcular a verdadeira hora solar do nascer e do pôr do sol utilizando as seguintes equações

STsunrise = 12 - [cos^{-1} (-tan(θ) × tan(δ))] / 15. STsunset = 12 + [cos^{-1} (-tan(θ) × tan(δ))] / 15.

Nota: Se tan(θ) × tan(δ)>1, o sol não nasce; Se tan(θ) × tan(δ)<1, o sol não se põe.

8.8-Sunshine Duração:

A duração da luz solar num dia, designada por D_i, corresponde ao período entre o nascer e o pôr do sol na ausência de nuvens. Esta duração é equivalente à duração do dia astronómico e pode ser facilmente obtida em termos do ângulo horário utilizando a seguinte equação:

$$D_i = (2/15) \times [\cos^{-1} (-\tan(\theta) \times \tan(\delta))].$$

Exemplo de cálculo:

Calcule a altitude solar e o azimute quando forem 12:30 PM do dia 21 de março em Adrar. A latitude é 27,88°N e a longitude é 0,18°W. n=80.

Através do cálculo, obtém-se: Equação do Tempo (Et) = -7,844 minutos.

Deduzimos: Tempo Solar ao Meio-Dia (ST) = 12,5 - 1 - 7,844/60 - 0,18/15 = 11,357 horas.

Por conseguinte, o ângulo horário (□) = 15 × (ST - 12) = -9,645°.

A declinação é calculada da seguinte forma:

Declinação (□) = 23,45 × sin (360 × (n + 284) / 365) = -0,40353°.

sin(**h**) = sin(θ) × sin(□) + cos(θ) × cos(□) = 0,8687, Altitude solar (**h**) = 60,31°. sin(**a**) = cos(θ) × sin(□) / cos(h) = 0,01258, Azimute solar (**a**) = 0,72°.

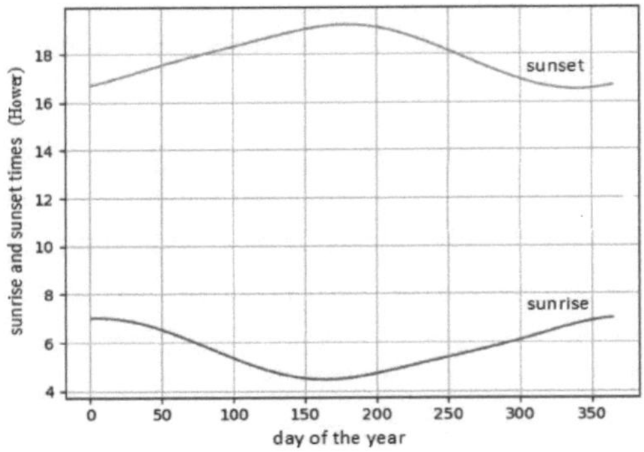

Figura 28: Variação das horas do nascer e do pôr do sol em função do dia do ano.

8.9-Influência da latitude no dia Comprimento:

Traçámos a variação da duração do dia ao longo do ano para diferentes latitudes, e verificámos que a duração do dia aumenta com a latitude durante o período de verão e diminui com a latitude durante o período de inverno. No equador, com uma latitude de zero, os dias são iguais a 12 horas durante todo o ano.

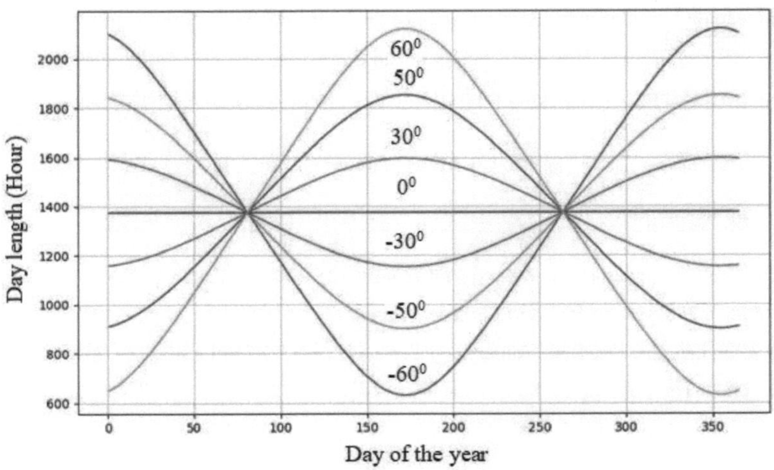

Figura 29: Variação da duração do dia ao longo do ano para diferentes latitudes.

9- Determinação da posição de um plano arbitrário:

9.1-Cada sensor é definido por dois ângulos (γ, α):

a- Ângulo de elevação do sensor γ:

Este é o ângulo entre a normal do sensor e a sua projeção no plano horizontal. $\gamma > 0$ indica um plano orientado para cima

$\gamma < 0$ indica um plano orientado para baixo

$$-90° < \gamma < +90°:$$

$\gamma = -90°$ indica um plano horizontal orientado para cima

$\gamma = -90°$ indica um plano horizontal orientado para baixo $\gamma = 0$ indica um plano vertical

b- Ângulo de azimute do sensor α:

Este é o ângulo entre a projeção da normal no plano horizontal e a direção do sul.

$\alpha > 0$ indica direção oeste $\alpha < 0$ indica direção leste $\alpha = 0$ indica direção sul

$-90° < \alpha < +90°$:

$\alpha = -90°$ indica um plano orientado para leste em direção a norte $\alpha = 180°$ indica um plano orientado para norte em direção a norte $\alpha = +90°$ indica um plano orientado para oeste em direção a oeste **c- Inclinação β:**

A inclinação β do sensor em relação ao plano horizontal é dada por:

$\beta = 90 - \gamma$ 9.2-Angulo de Incidência num Plano Arbitrário:

O ângulo de incidência i é o ângulo entre a direção do sol e a normal ao plano. Este ângulo determina a quantidade de radiação direta interceptada pela superfície e pode ser determinado em coordenadas horizontais ou verticais.

Em coordenadas horizontais: o ângulo de incidência é dado por:

$$\cos i = \cos(\alpha - a)\cos\gamma\cos h + \sin\gamma\sin h$$

Em coordenadas horárias solares: o ângulo de incidência é dado por:

$$\cos i = \sin\alpha\cos\gamma\sin\omega\cos\delta + \cos\alpha\cos\gamma[\cos\omega\cos\delta\sin\theta - \sin\delta\cos\theta] + \sin\gamma[\cos\omega\cos\delta\cos\theta + \sin\delta\sin\theta]$$

Embora esta fórmula seja mais complexa, é geralmente mais prática de utilizar. Especificamente:

Em coordenadas horizontais i = i(α, γ, a, h): é necessário determinar dois valores, a e h, para conhecer o ângulo de incidência num determinado plano.

Em coordenadas horárias solares, i = i(α, γ, □, δ, θ): para um dado plano (α, γ), localização (θ) e dia (δ), i é uma função do ângulo horário solar ω, o que é particularmente prático, uma vez que corresponde ao tempo.

Assim, vamos expressar cos(i) introduzindo a variável ω:

cos(i) = A sin(□) + B cos(□) + C

Onde:

A = A ' cos (δ)   A' = sin (α) cos (γ)

B = B' cos (δ)   B' = cos (α) cos (γ) sin (θ) + sin (γ) cos (θ)

C = C' sin(δ)   C' = -cos(α) cos(γ) cos (θ) + sin (γ) sin (θ) **e-Planos especiais significativos:**

***Plano horizontal:**

Para o plano horizontal, γ = 90°:

Portanto: A' = 0B ' = cos(θ)   C' = sin(θ) Portanto:

cos(i) = cos(θ) cos (δ) cos(□) + sin(θ) sin(δ)

***Plano vertical:**

Para o plano vertical, γ = 0:

Daí: A' = sin(α) B' = cos(α) sin(θ)   C' = - cos (α) cos(θ) Portanto:

cos(i) = sin(α) cos(θ) sin(□) + cos(α) sin(θ)cos(δ) cos(□) - cos(α) cos(θ) sin(δ)

***Plano Sul:**

Para o plano sul, α = 0: A' = 0B ' = sin (γ + θ)   C' = - cos (γ + θ)
Por conseguinte:

cos(i) = sin (γ + θ) cos (δ) cos (□) - cos (γ + θ) sin(δ)

***Plano** orientado a sul **na latitude do local**:

Trata-se de um plano orientado para sul com uma inclinação igual à latitude, em que α = 0 e

γ = 90 - θ , A' = 0B ' = 1C ' = 0

Por conseguinte:

cos(i) = cos(δ) cos(□)

Exemplo de cálculo:

Exemplo 1:

Calcule o ângulo de incidência num plano orientado a sul às 12:30 do dia 21 de dezembro em Adrar, com uma inclinação β igual à latitude do local.

A latitude é θ = 27,88°N e a longitude é φ = 0,18°W. n=325 Através de cálculos, obtemos:

Equação do Tempo (Et) = 13,418 minutos.

Deduzimos: Hora Solar ao meio-dia (ST) = 12,5 - 1 + 13,418/60 - 0,18/15 = 11,712 horas.

Assim, o ângulo da hora solar (□) = 15 (ST - 12) = -4,32°

E a declinação δ= 23,45sin (360(n+284)/365) = -20,44°

cos(i) = cos(δ) cos(□)= cos (-20.44) **cos** (-4.32) **=0.934.** Portanto, **i = 20,93°. Exemplo2:**

Calcule o ângulo de incidência num plano horizontal às 12:30 horas do dia 21 de junho em Adrar. A latitude é = 27,88°N e a longitude é L = 0,18°W. n=141.

Através de cálculos, obtém-se: Equação do Tempo (Et) = 3,537 minutos.

Deduzimos: Hora Solar ao meio-dia (ST) = 12,5 - 1 + 3,537 /60 - 0,18/15 = 11,547 horas.

Assim, o ângulo da hora solar (□) = 15 (ST - 12) = -6,795°

E a declinação δ= 23,45sin (360(n+284)/365) = 20,14° Para o plano horizontal, γ = 90°:

Por conseguinte:

$$\cos(i) = \cos(\theta)\cos(\delta)\cos(\square) + \sin(\theta)\sin(\delta)$$

$$\cos(i) = \cos(27,88)\cos(20,14)\cos(-6,795) + \sin(27,88)\sin(20,14) = 0,986$$

i =9.6°.

10-Sun Tracking e Solar Analysis:

10.1-Gnomónica:

A gnomónica é um ramo da astronomia e da geometria que estuda os relógios de sol e os métodos de determinação do tempo com base na sombra de um objeto. O termo "Gnomónica" vem da palavra grega "gnomon", que se refere a um objeto vertical, como uma vara ou um pau, que projecta uma sombra quando o sol brilha.

O princípio fundamental da gnomónica baseia-se na ideia de que a direção da sombra de um gnómon muda ao longo do dia devido à rotação da Terra em torno do seu eixo. Ao traçar os movimentos da sombra numa superfície plana (relógio de sol), é possível determinar a hora do dia. Os relógios de sol estão entre os primeiros instrumentos utilizados pela humanidade para medir o tempo. Têm sido utilizados em várias culturas e civilizações desde a Antiguidade. Um relógio de sol é normalmente constituído por uma placa plana, muitas vezes inclinada em relação à horizontal para corresponder à latitude do local, e um gnómon vertical que projecta uma sombra na placa. As graduações são marcadas no mostrador para indicar as horas do dia com base na posição da sombra. Como o relógio de sol (Saida, Argélia) **Figura 30.**

Figura 30: Gnomónica (Saida, Argélia) (Wiki).

A gnomónica engloba também o estudo da equação do tempo, que tem em conta as variações do ângulo de incidência do Sol ao longo do ano, devido à inclinação do eixo da Terra em relação à sua órbita em torno do Sol. Isso permite que sejam feitas correções nas medições do relógio de sol para obter uma indicação mais precisa do verdadeiro tempo solar.

Hoje, enquanto os relógios mecânicos ou electrónicos substituíram largamente os relógios de sol, a gnomónica continua a ser um assunto de estudo para astrónomos, topógrafos e entusiastas da astronomia interessados na história e nos métodos tradicionais de medição do tempo. **10.2-Diagramas de Trajetória Solar para Análise de Sombra:**

O diagrama do caminho solar, específico para uma determinada latitude, fornece uma visualização do azimute e elevação do Sol durante diferentes horas do dia e em várias estações. Mais tarde, veremos que a sobreposição de obstruções no caminho solar no diagrama solar ajuda a visualizar os períodos em que as sombras serão lançadas no relógio de sol.

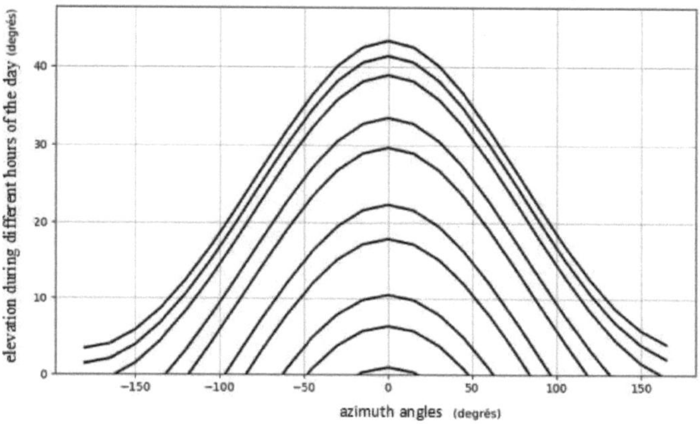

Figura 31: Diagrama de Trajetória Solar mostrando os ângulos solares de altitude e azimute para uma latitude de 40 graus.

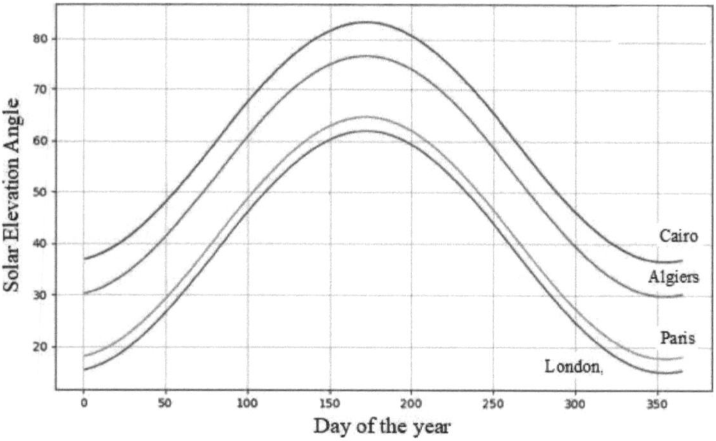

Figura 32: Variação do ângulo de elevação solar para diferentes cidades

Após um exame mais atento dos valores de azimute em diferentes épocas do ano, torna-se evidente que a expressão "O Sol nasce a leste e põe-se a oeste" não é totalmente exacta. De facto, durante o mês de dezembro, o Sol nasce a sudeste e põe-se a sudoeste, enquanto que em junho, nasce quase a nordeste e põe-se a noroeste. Isto leva a um máximo de 7 horas de luz solar em dezembro e mais de 16 horas em junho: estes são os dois períodos de solstício do ano. Só durante os equinócios da primavera e do outono é que a duração do dia é igual à noite. Quanto à altitude solar, atinge um pico de 62 graus no dia 21 de junho às 12h00 (Tempo Universal), enquanto no dia 21 de dezembro às 12h00 (Tempo Universal), atinge apenas 16 graus.

A projeção estereográfica, que consiste em mapear a trajetória do Sol na esfera celeste, permite a criação de diagramas polares como o da figura 33. Estes diagramas permitem a determinação gráfica da altitude e do azimute do Sol para uma dada latitude, a qualquer hora do dia e durante qualquer período do ano.

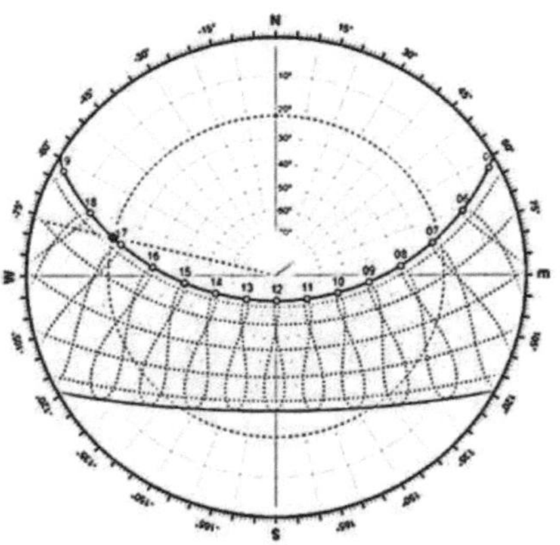

Figura 33: Disco solar

Existem várias ferramentas de avaliação de locais disponíveis no mercado que permitem uma sobreposição rápida e fácil de obstáculos num diagrama do caminho solar. No entanto, é possível obter resultados igualmente bons com uma simples bússola, um transferidor de plástico e um fio de prumo, embora o processo exija um pouco mais de esforço. A bússola é utilizada para medir os ângulos de azimute dos obstáculos, enquanto o transferidor e o fio de prumo são utilizados para medir os ângulos de altitude.

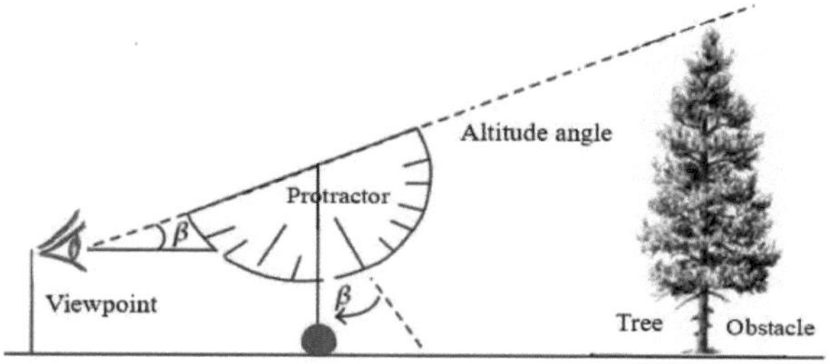

Figura 34: Medição do ângulo de altitude de um obstáculo a sul utilizando um fio de prumo e um transferidor.

10.3-Shadow Phenomenon:

Qualquer obstáculo que possa bloquear a radiação solar é designado por máscara solar. De um modo geral, distinguem-se dois tipos de máscaras:

***Máscaras próximas**: correspondem a obstáculos próximos (vegetação, edifícios, etc.).

***Máscaras** distantes: correspondem a obstáculos distantes, como montanhas e colinas no horizonte. O efeito de sombra num dado momento depende das coordenadas do sol e das caraterísticas geométricas do sistema de sombreamento ou do obstáculo, em relação ao elemento sombreado ou protegido. Para uma utilização óptima da radiação solar, os obstáculos à radiação solar ou as máscaras solares devem ser evitados tanto quanto possível.

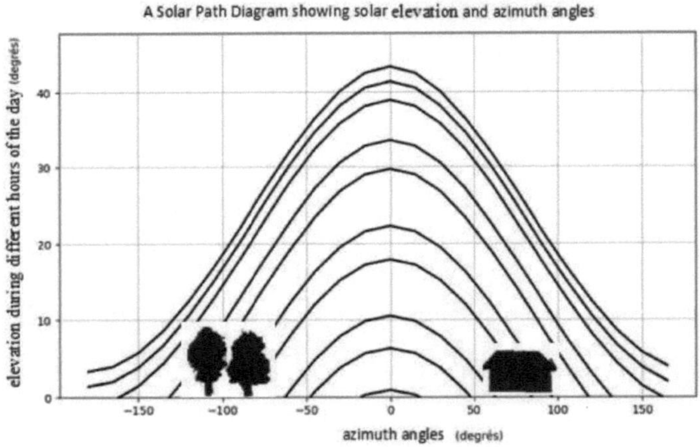

Figura 35: Um diagrama da trajetória do sol com obstruções sobrepostas facilita a estimativa dos períodos de sombreamento num local.

Os diagramas de trajetória solar, como o mostrado na Fig. 35, não só ajudam a compreender onde está o sol num determinado momento, mas também têm uma aplicação muito prática no terreno quando se tenta prever os padrões de sombreamento num local.

11-Unidades de energia solar Medição:

11.1-Fotométrico Unidades:

No domínio da radiação solar, são empregues vários termos e unidades para quantificar e caraterizar a potência e a intensidade da radiação solar. Comecemos pelo "bougie", uma unidade arcaica de intensidade luminosa:

a-Bougie (cd): O "bougie" era utilizado como unidade para medir a intensidade luminosa de uma fonte de luz. No entanto, atualmente está obsoleta e foi substituída pela "candela" (cd). A candela é a unidade padrão de intensidade luminosa no Sistema Internacional de Unidades (SI).

b-Candela (cd): A candela é a unidade de medida da intensidade luminosa de uma fonte numa determinada direção. Representa a potência luminosa emitida por uma fonte numa direção específica. **c-Watt por metro quadrado (W/m²):** Esta unidade mede a densidade do fluxo de energia da radiação solar incidente numa determinada superfície. É uma medida da potência da radiação solar que atinge uma área específica.

d-Lux (lx): O lux é também utilizado no domínio da radiação solar para medir a iluminação. É a unidade de medida da densidade do fluxo luminoso que incide numa superfície.

Unidades fotométricas	Símbolo	Unidade visual	Unidade de energia
Fluxo luminoso	Φ	Lúmen (lm)	Watt (W)
Intensidade luminosa	I	Candela (cd)	-
Iluminação	E	Lux (lx)	(W/m^2)
Luminância	L	Candela /m^2 (cd/m)^2	-

Tabela 16: Unidade visual fotométrica e unidades de energia.

O ângulo radiante corresponde ao ângulo sólido Ω para uma fonte isotrópica. $\Omega = 4\pi$ esterradianos (sr). Para o espaço (uma esfera), a superfície total S é $4\pi R^2 \times d\Omega = dS / R^2$.

Estes quatro factores estão relacionados da seguinte forma:

-Uma fonte de luz artificial (lâmpada eléctrica) irradia fluxo luminoso em todas as direcções do espaço.

-Este fluxo tem uma certa intensidade luminosa numa determinada direção.

-Uma superfície colocada a uma certa distância desta fonte recebe a iluminação.

-Finalmente, a superfície iluminada reflecte uma parte da iluminação recebida para o observador: é a luminância.

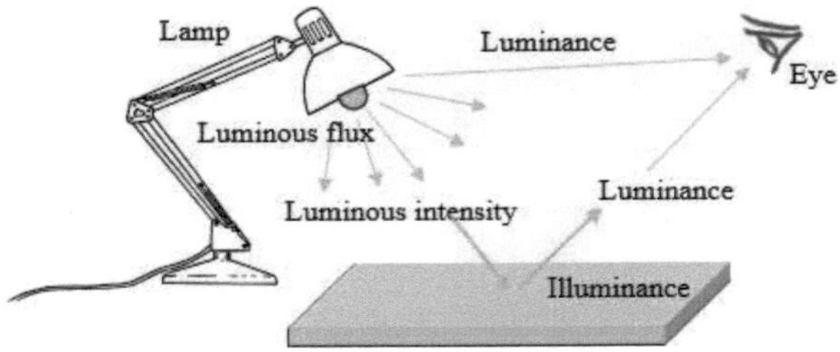

Figura36: Medições da luz.

11.2-Medição energética de radiações:

A diferença entre "Irradiância solar" e "Irradiação solar":

***Irradiância solar:** A irradiância solar mede a potência da radiação solar que atinge uma superfície específica por unidade de área, expressa em watts por metro quadrado **(W/m²)**. Representa uma medida instantânea da potência da radiação solar num momento específico.

***Irradiação solar:** A irradiação solar mede a quantidade total de energia solar recebida por uma superfície específica durante um determinado período de tempo (dia, hora, mês, ano), expressa em joules por metro quadrado **(J/m²)** ou watt-hora por metro quadrado **(Wh/m²)**. Representa uma medição cumulativa da energia solar durante um período de tempo específico.

12-Componentes da Irradiação Solar :

A radiação solar ao nível do solo é constituída principalmente por radiação direta, proveniente diretamente do Sol e ligeiramente enfraquecida por difusão ou absorção à medida que atravessa a atmosfera, e por radiação difusa, proveniente de todo o céu devido à dispersão da radiação direta por moléculas e aerossóis. Assim, a radiação global recebida no solo é a soma destas duas componentes:

Irradiância solar Fluxo instantâneo (W.m)$^{-2}$	G* GLOBAL DIFUSA D* DIRECTA I*	**G* = I*+D***
Irradiação solar Energia recebida durante um determinado período (KWh.m)$^{-2}$	GLOBAL G DIFUSA D DIRECTA I	**G = I+D**

Tabela 17 : Notações para componentes da radiação solar

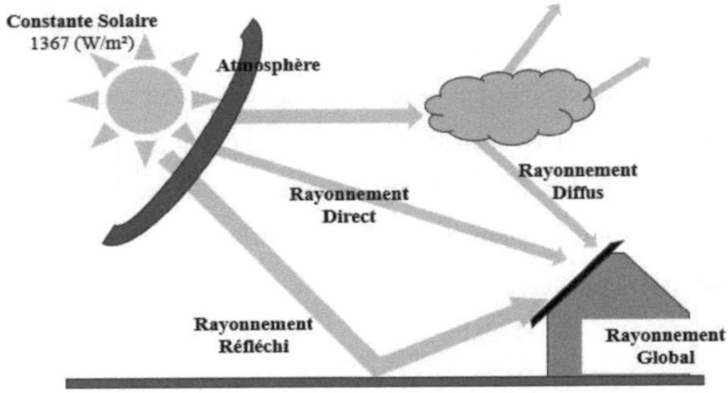

Figura37: Componentes da radiação solar.

12.1-Medição numa superfície com qualquer inclinação:

O ângulo de inclinação, designado por **i**, é o ângulo do plano do objeto estudado em relação à horizontal. O ângulo de orientação, designado por γ, é o ângulo entre a normal ao plano do objeto estudado e o plano meridiano do local (é contado positivamente para Oeste em relação ao Sul no hemisfério Norte).

a-Medição em condições de céu limpo numa superfície horizontal: (Figura 38)

A radiação total **G** recebida por uma superfície horizontal pode ser dividida em duas

componentes: A radiação direta **I** (iluminação corrigida dos efeitos atmosféricos)

A radiação difusa **D** proveniente de toda a cúpula do céu. Assim, num plano horizontal:

$$Gh = I \times \sin h + Dh = Ih + Dh$$

Para determinar **o Dh**, é utilizada a fração de insolação σ, que representa o número de horas de luz solar medida pelo heliógrafo dividido pela duração teórica do dia.

Em condições de céu limpo, como uma primeira aproximação, a fórmula empírica pode ser utilizada:

Dh = Gh × (0,9 - 0,8×σ), válido para 0,15 < σ < 0,70. b-Expressão da radiação direta recebida num plano arbitrário:

Se **i** for o ângulo de inclinação da normal ao plano de medição em relação à vertical no local, **h** é a altitude solar, **a** é o azimute e **α** é o ângulo de incidência do raio direto com a normal ao plano de medição, a componente direta **Ii** da radiação que atinge o sensor pode ser expressa do seguinte modo Sol ao meio-dia (azimute zero): **a = 0**

Para um plano horizontal: **i = 0 e Ii = I × sin h**

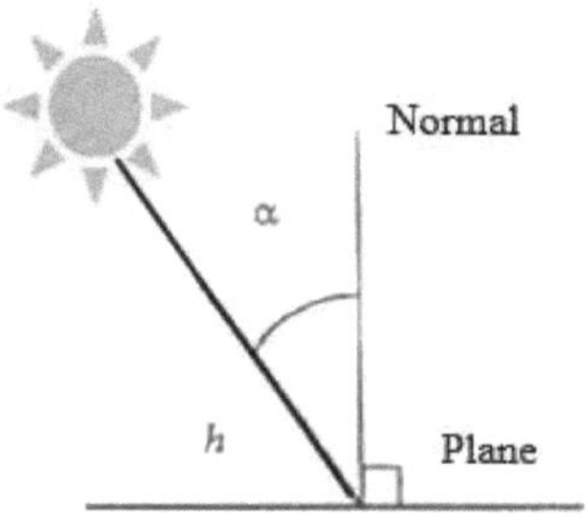

Figura38: Plano horizontal

c- Componente difusa para uma superfície com qualquer orientação :

Para estimar a contribuição solar sobre uma superfície com qualquer orientação, é essencial calcular distintamente a parte da radiação difusa, uma vez que a inclinação **i** da superfície é o único fator que influencia esta componente. A inclinação **i** determina o grau em que a superfície capta o espaço e o albedo do solo. Por exemplo, uma superfície vertical capta apenas metade do espaço, mas o albedo do solo pode tornar-se significativo.

D=(0,5+cosi/2) × Dh+(0,5-cosi/2) × ρ ×Gh

em que **ρ** é o coeficiente de albedo do solo.

Para um plano vertical, considerando **ρ = 0,2**, temos: **Dv = 0,5× (Dh + 0,2×Gh)**

Em condições médias de nebulosidade, para determinar **Dh**, referimo-nos à fração de insolação **σ** e, como primeira aproximação, a componente difusa é dada pela relação empírica:

Dh = Gh × (1 - 0,25×σ - 0,6×√σ)

12.2-A energia recebida Q durante um intervalo de tempo Δt para uma superfície vertical: a-Exemplo simples:

A intensidade máxima da radiação recebida ocorre ao meio-dia verdadeiro. Se o objetivo for integrar a energia recebida ao longo do dia, assumindo condições meteorológicas estáveis, numa primeira aproximação, a curva pode ser aproximada como um arco de uma sinusoide, em que a área representa a energia acumulada:

$Q=2\times\pi^{-1}\times(G\ max\times\Delta t)$ (Wh/m²) b-Exemplo numérico: Cálculo da energia solar

Vamos efetuar cálculos para determinar a quantidade de energia recebida na parede vertical de um

casa orientada para sudoeste durante o dia 15 de dezembro no local, utilizando os dados

fornecidos: Informação fornecida:

Latitude: 44°N ; Altitude solar às 12 PM: 23° ; Azimute solar às 12 PM: 0°. Duração da luz do dia: 8,5 horas ; Fração de insolação: 0.60.

Radiação global numa superfície horizontal com céu limpo: 370 W/m².

Cálculos:

*Calcular a componente difusa em condições de céu limpo no plano horizontal: Dh = Gh × (0,9 - 0,8s) = 370 × (0,9 - 0,8 × 0,60) = **155 W/m².**

*Calcular a componente difusa no plano vertical com qualquer orientação: Dv = 0,5 × (Dh + 0,2 × Gh) = 0,5 × (155 + 0,2 × 370) = **115 W/m².**

*Calcular a componente direta no plano horizontal:

Ih = Gh - Dh = 370 - 155 = **215 W/m².**

*Calcular a componente direta ao meio-dia no plano vertical orientado a sudoeste: Iv = I × cosh ×cos (45°) = Ih × cotgh × cos (45°) = 215 × 1,66 = **357 W/m².**

*Determinar a radiação global ao meio-dia para um céu limpo, no plano vertical orientado a sudoeste:

Gv = Dv + Iv = 357 + 115 = **472 W/m².**

*Calcule a energia recebida durante o dia 15 de dezembro:

Q = 2π × Gv × t = 0,64 × 472 × 8,5 = **2568 Wh/m².**

13-Radiação solar Medição:

Em geral, a medição do fluxo de irradiação global é efectuada em estações meteorológicas no plano horizontal, utilizando um piranómetro. Este instrumento recolhe a radiação incidente numa superfície horizontal escurecida, que converte a radiação recebida em calor e depois em eletricidade. A diferença de temperatura entre esta superfície e o corpo do instrumento é proporcional à irradiância energética da radiação global: é medida por uma termopilha constituída por vários termopares ligados em série. É constituída por uma termopilha Moll contida num invólucro metálico, fechado na sua parte superior por dois hemisférios de vidro. O piranómetro de Kipp e Zonen é o mais utilizado.

13.1-Radiação global :

O **piranómetro (Figura 39)** é um instrumento utilizado para medir a irradiância solar (direta e difusa) que atinge a superfície da Terra na gama de comprimentos de onda □. Com este instrumento, é possível medir não só a radiação global, mas também a radiação solar reflectida.

Figura39: O piranómetro.

13.2-Radiação difusa :

Este tipo de radiação é medido por um aparelho denominado Piranómetro ou **Piranómetro de Sombra (Figura 40)** equipado com um anel de sombreamento (anel metálico que oculta o disco solar). Esta radiação tem origem na abóbada celeste, com exceção do disco solar.

Figura 40: O piranómetro sombreado.

13.3-Radiação solar direta :

A medição da radiação solar direta é feita com recurso a um **pirheliómetro (Figura 41)**, um aparelho cuja superfície sensível está sempre posicionada perpendicularmente aos raios solares. A radiação solar direta é a radiação que atinge o solo sem sofrer dispersão.

Figura 41: Pireliómetro.

13.4-Albedo do solo :

O albedo do solo para a radiação solar é definido como a relação entre a radiação difundida

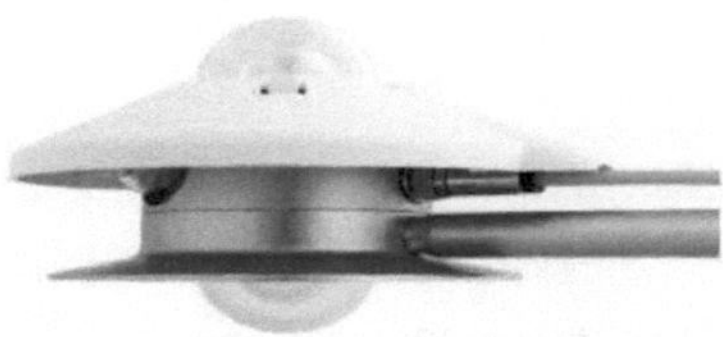

ou reflectida pelo solo e a radiação global total. É medido por um **albedómetro (figura 42)**, dois piranómetros montados em oposição, um virado para o solo e o outro para o céu.

Figura 42: O albedómetro.

13.5-Explicação dos dispositivos de medição :

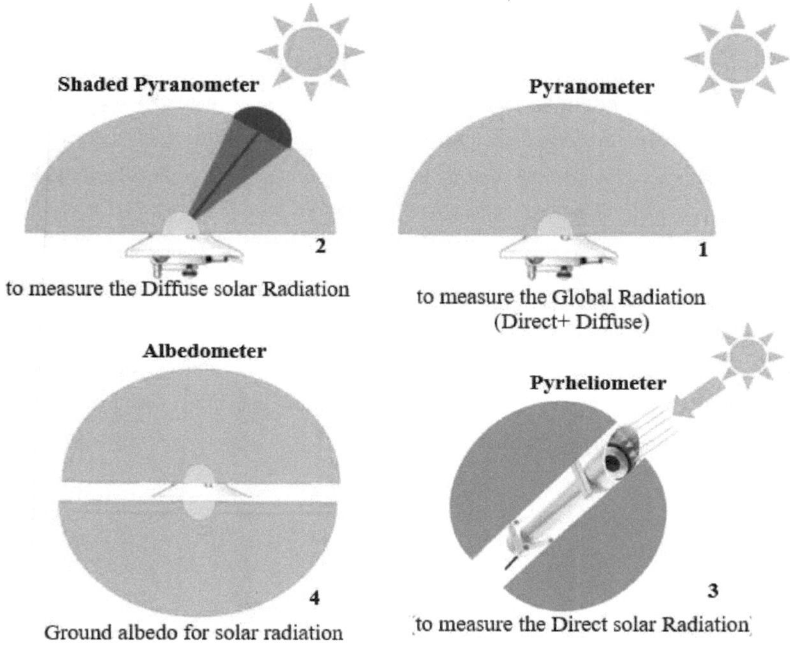

Figura 43: Instrumentos de medição da radiação solar.

14-Potencial solar em Argélia:

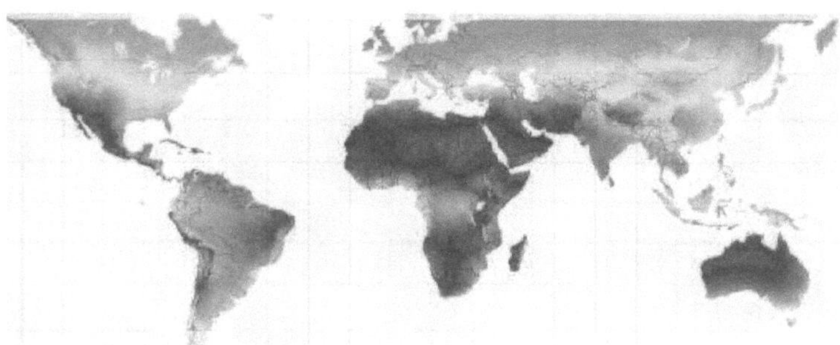

Figura 44: Mapa do mundo mostrando a luz solar média anual.

Dada a sua localização geográfica, a Argélia tem um enorme potencial solar, como mostra a

Figura

44. Após uma avaliação por satélite, a Agência Espacial Alemã (ASA) concluiu que a Argélia tem o maior potencial solar de toda a bacia mediterrânica, com 169000 TWh/ano para a energia solar térmica e 13,9 TWh/ano para a energia solar fotovoltaica. O potencial solar da Argélia é equivalente à descoberta de 10 grandes depósitos de gás natural em Hassi R'Mel. A duração da exposição solar na maior parte do território nacional excede as 2000 horas anuais e pode atingir as 3900 horas (planaltos e Saara). A energia diária recebida numa superfície horizontal de $1m^2$ é de cerca de 5 kWh na maior parte do território nacional, aproximadamente 1700 kWh/m^2 /ano no Norte e 2650 kWh/m^2 /ano no Sul do país. A Argélia possui um potencial solar significativo ainda por explorar. Esta forma de energia oferece numerosas vantagens na conversão térmica para aquecimento e produção de eletricidade, principalmente. É uma fonte de energia disponível, rentável, amiga do ambiente e que requer uma manutenção mínima.

Bibliográfico :

1. "Solar Electricity: An Economic Approach to Solar Energy" de W. Palz, Butterworths, UNESCO, 1978.
2. "Le Rayonnement Solaire" por R. Bernard, G. Menguy, M. Schwartz, Technique et Documentation, Lavoisier, Paris, 1979.
3. "R. Bernard, G. Menguy, M. Schwartz, "Le rayonnement solaire conversion thermique et applications", Technique et documentation Lavoisier, 2ème édition 1980.
4. "A. A. Sfeir, G. Guarracino, "Ingénierie des Systèmes Solaire, application à l'habitat", Technique et Documentation, Paris, 1981.
5. "L'Énergie Solaire dans le Bâtiment" de Ch. Chauliaguet, P. Baratçabal, e J. P. Batellier, Eyrolles, Paris, 1981.
6. "Les Photopiles Solaires : Du Matériau au Dispositif ; Du Dispositif aux Applications" de A. Laugier e J. A. Roger, Technique et Documentation, Lavoisier, Paris, 1981.
7. "Michel Capderou, "Atlas Solaire de l'Algérie", Tomo 1, 2; O.P.U., 1986.
8. "M. Iqbal, "An Introduction to Solar Radiation", Academic Press, Canadá, 1983.
9. "J.M Chassériau, "Conversion thermique du rayonnement solaire", Dunod, 1984.
10. "Énergie Solaire Photovoltaïque, le Manuel du Professionnel" de Anne Labouret - Michel Villoz.
11. "Le Rayonnement Thermique, Bilan Radiatif et Effet de Serre," par V. Daniel, 2003.
12. "J. Bernard, "Energie solaire ; Calcul et Optimisation," Ellipses Edition Marketing S. A. Paris, 2004.
13. "Etude technico-économique d'un système de pompage photovoltaïque dans un village solaire" por Rachid Chemri, 24 février 2007.
14. "Optimisation d'un nouveau système de séchage solaire des produits agro-alimentaires dans les zones arides et désertiques" por Slimane Boughali, 13/07/2010.
15. "Etude et optimisation du séchage solaire des produits agro-alimentaires dans les zones arides et désertiques" por Slimane Boughali, 13/07/2010.
16. "Optimisation d'un nouveau système de séchage modulaire pour plantes aromatiques et médicinales" de Amina Ben Hammou, 2010.
17. "G. Vidal, "La Structure de l'Atmosphère", disponível em linha em ENS-DEGESCO Planet- Terre : http://planet-terre.ens-lyon.fr/planetterre/XML/db/planetterre/metadata/LOM- structuremosphere.xml

18. "Thermique solaire" de Yves Jannot, março de 2011.
19. "Etude d'un système de production d'hydrogène solaire" por Ahmed Djafour, 14/03/2013.
20. "TomMarkvarteLuisCastafier , " PracticalHandbookof Photovoltaics: Fundamentals and Applications", ELSEVIER.
21. "Tout ce que Vous Avez Toujours Voulu Savoir sur l'Énergie Solaire," disponível em www.ecosolaire.com/faq.aspx
22. https://www.ipnoze.com/pollution-inde-confinement-coronavirus/
23. http://www.meteo-paris.com/actualites/coronavirus-revelateur-de-l-impact-de-l-homme-sur-lenvironnement-23-mars-2020.html
24. https://www.caminteresse.fr/environnement/confinement-un-avant-apres-de-la-pollution-aparis-11136546/
25. https://hitwest.ouest-france.fr/news/l-image-du-jour-avec-le-confinement-comme-en-chine-la-pollution-baisse-en-italie-36161.
26. Hay, J.E. e J.A. Davies, em Proceedings of the First Canadians Solar Radiation Data Worshop (J.E. Hay e T.K. won, eds.), Ministry of Supply and Services, Toronto, Canadá, p.59 (1980). "Cálculo da Radiação Solar Incidente numa Superfície Inclinada.
27. https://www.cythelia.fr/images/file/Gisement-solaire_Alain%20Ricaud_Jan-2011.pdf
28. Piranómetro Kipp & Zonen USA Radiação, eficiência da radiação, medição, luz solar, energia
29. https://www.kippzonen.com/Product/125/CMA11-Albedometre
30. https://www.essearth.com/product/shp1-pyrheliometer-from-kipp-and-zonen
31. https://www.kippzonen.com/Product/42/CM121B-C-Shadow-Ring
32. https://www.advan-kt.com/principlesofsolarengi.pdf Goswami, D. Yogi. "Principles of Solar Engineering.
33. https://commons.wikimedia.org/wiki/File:Cadran_solaire_Saida_Algerie
34. Mapa de insolação global que mostra a média mínima de horas de sol (soma diária) e a soma anual (para ligação à rede) em todo o mundo. Fonte : SolarGIS © 2014 Geo Model Solar

Glossário

Albedo

Coeficiente de reflexão do solo.

AM (Massa de ar)

Um valor que descreve o tipo de espetro solar utilizado para uma medição. AM representa a quantidade de atmosfera que os raios de luz solar atravessam. AM = 1/sin (altitude solar ao nível do mar).

Ângulo de incidência

O ângulo entre os raios solares e a normal ao plano do sensor.

Ângulo horário

O ângulo projetado no plano equatorial entre o Sol e o meio-dia verdadeiro. Varia 15° por hora.

Azimute

Orientação relativa ao sul, contada negativamente para leste (sentido anti-horário no hemisfério norte, sentido horário no hemisfério sul).

Constante solar

A densidade média de energia recebida pela Terra (1367 W/m2).

Declinação

O ângulo entre o eixo Terra-Sol e o plano do equador numa determinada altura do ano.

Equação do tempo

Variações da referência horária ao longo do ano devido à elipticidade da órbita da Terra e à inclinação do seu eixo de rotação (aproximadamente ±15 minutos).

Altitude solar

O ângulo entre a direção do sol e o plano horizontal.

Inclinação

O ângulo entre um plano de sensores e o plano horizontal.

Irradiância

A densidade do fluxo de radiação (potência), expressa em W/m^2 .

Irradiação

Energia de radiação para uma duração especificada, expressa em kWh/m^2 ou MJ/m^2 .

Piranómetro

Um instrumento para medir a irradiância, utilizando o efeito de estufa, com uma ampla aceitação espetral e angular (mede a radiação global).

Radiação direta

Radiação proveniente diretamente do Sol, sem dispersão na atmosfera. Os seus raios são paralelos e podem projetar sombras e ser concentrados por espelhos.

Radiação difusa

Radiação dispersa pela atmosfera (ar, nuvens). É por vezes decomposta em componentes isotrópicas, circunsolares e de banda do horizonte.

Radiação extraterrestre

Radiação exterior à atmosfera terrestre; varia em torno da sua média de 1367 W/m^2 aproximadamente ao longo do ano.

Espectro de radiação Distribuição dos comprimentos de onda. **Tempo Solar (ST)** Uma referência horária em que o "meio-dia verdadeiro" corresponde à passagem do sol diretamente sobre o meridiano do local.

Lista de símbolos

Símbol o	Definição
a	Azimute
c (n)	Correção da distância
D	Energia de radiação difusa
Di	Duração da insolação diária
D0	Duração astronómica do dia
d(N)	Distância Terra-Sol
Et	Equação do tempo
G	Componente global da energia de radiação incidente
Ge	Energia da radiação fora da atmosfera
ω	Ângulo horário
h	Ângulo de altitude solar
I	Energia de radiação direta
I0	Constante solar
i	Ângulo de incidência
K	Coeficiente de atenuação total
m	Massa atmosférica relativa
m'	Massa atmosférica
n	Número do dia do ano
Q	Energia recebida durante um intervalo de tempo Δt para a superfície vertical
T	LINKE fator de perturbação total
Tr	Período de rotação da Terra em torno do seu eixo.
TSM	Tempo solar médio
ST	Hora solar
UT	Tempo universal
LT	Hora local
α	Ângulo de azimute do sensor
β	Inclinação do sensor
γ	Altura do sensor
δ	Declinação solar
θ	Latitude
φ	Longitude
σ	Constante de Stefan-Boltzmann
б	Fração de Insolação
ρ	Albedo do solo
λ	Comprimento de onda
z	Altitude
Z	Ângulo Zenital

MIX
Papier aus verantwortungsvollen Quellen
Paper from responsible sources
FSC® C105338

Printed by Books on Demand GmbH, Norderstedt / Germany